颠覆平庸

如何成为领先的少数人

彭小六◎著
简书头牌红人

北京联合出版公司
Beijing United Publishing Co.,Ltd.

2.什么对自己重要?
学习区
舒适区
恐慌区
3.做好断舍离
舍
断
离
4.凑出整块时间
制造屏蔽空间
利用早晚时间
5.利用碎片时间
6.原谅自己
1.先问为什么
WHY
HOW
WHAT
知道为什么才会知道如何做?做什么?
6个时间管理心诀
EASY
职场
休息
分享
咨询
写文章
看书

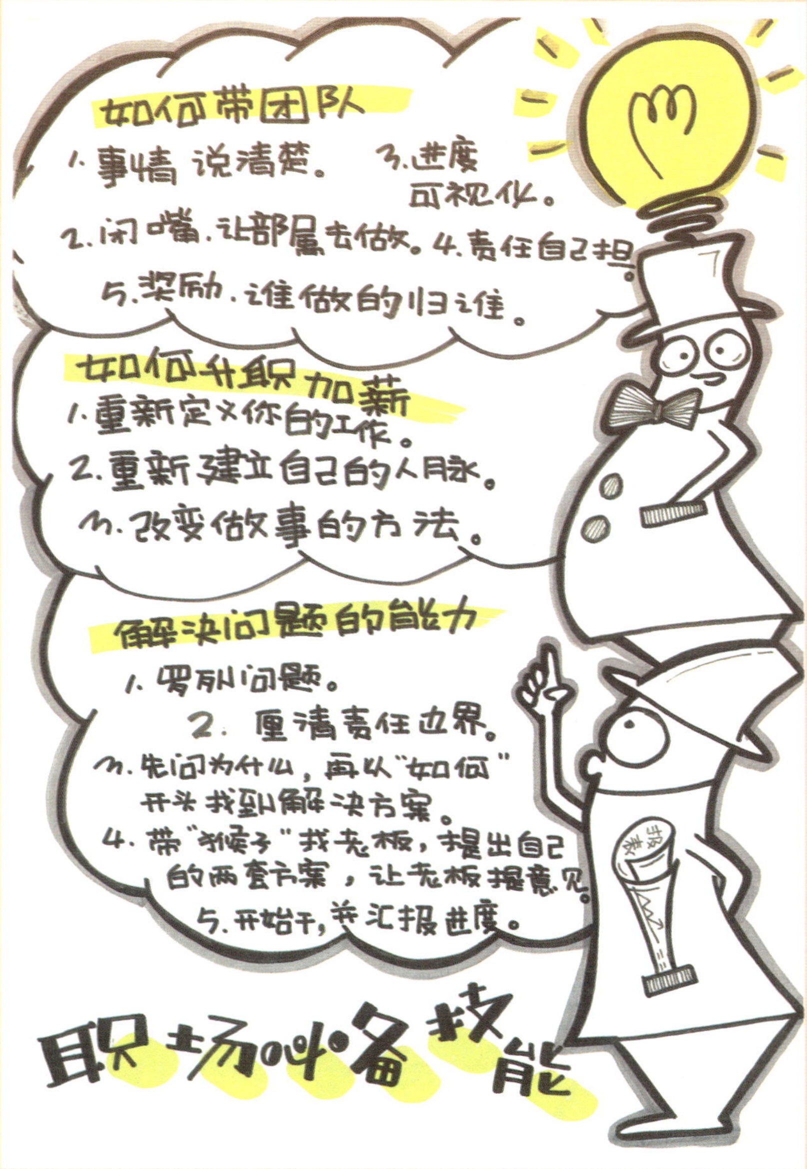

如何带团队
1.事情说清楚。
3.进度可视化。
2.闭嘴，让部属去做。
4.责任自己担。
5.奖励，谁做的归谁。
如何升职加薪
1.重新定义你的工作。
2.重新建立自己的人脉。
3.改变做事的方法。
解决问题的能力
1.罗列问题。
2.厘清责任边界。
3.先问为什么，再以"如何"开头找到解决方案。
4.带"猴子"找老板，提出自己的两套方案，让老板提意见。
5.开始干，并汇报进度。
报表
职场必备技能

学前3问
这知识对我有什么用？
是否有这领域的基础？
如何挣回来？
5个学习能力
金钱
书本
组织
工作
朋友
碎片化学习
收集
分类
贴标签
建立知识库
人人都能颠覆平庸
6:30
实用学习法

构建你的知识体系
1. 准备
确定领域
你的经验
你的研究
2. 输入
阅读
①一天一本
②限时与计时
③当国王
④换档
⑤种草
⑥一扫而光
碎片收集
主题培训
3. 整理 分享
整理
①内容检验
②素材收集
分享
①单点突破
②小成本试错
③快速迭代
4. 输出
出书
做微课

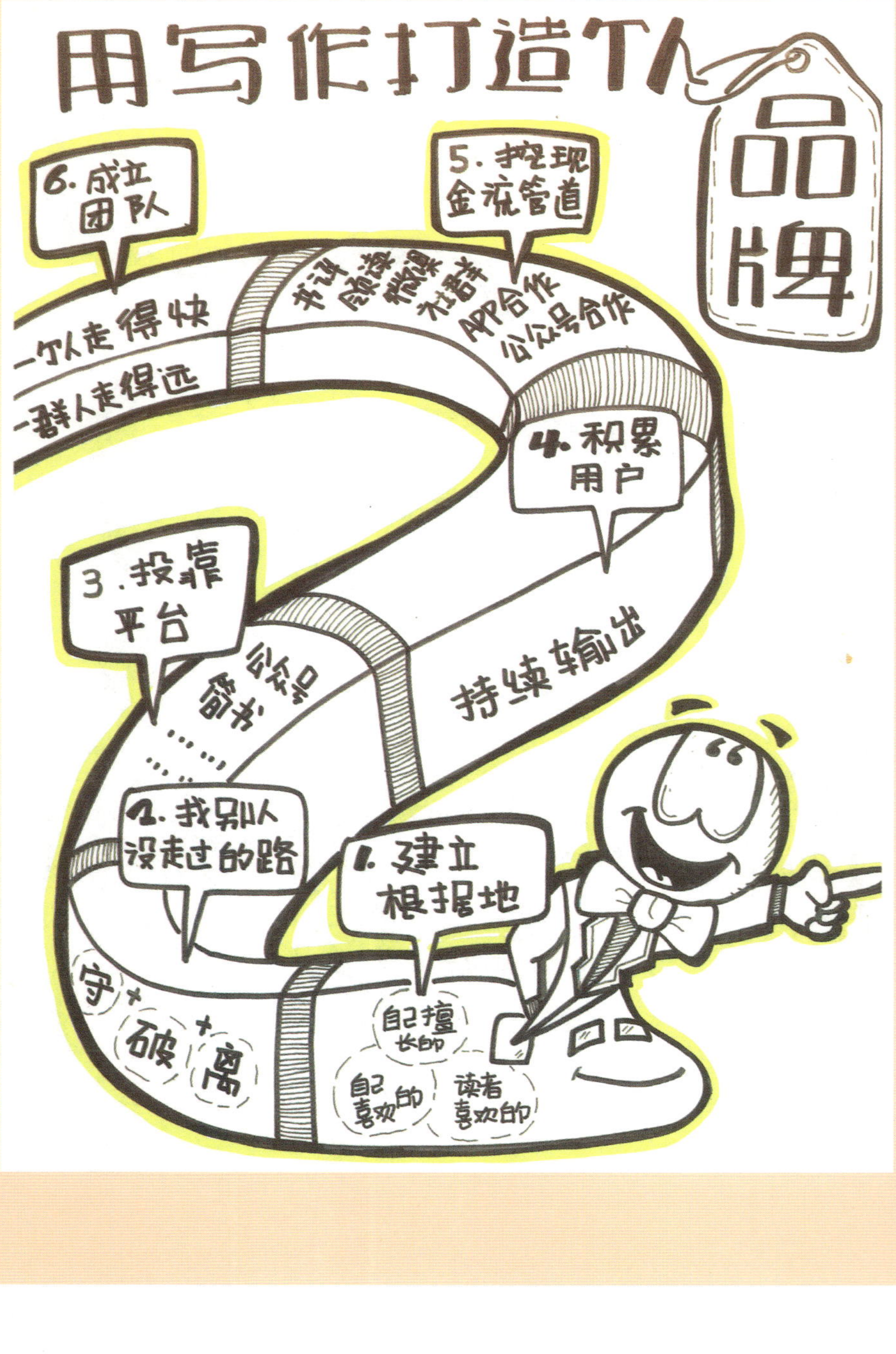
用写作打造个人品牌
6.成立团队
5.挖现金流管道
一个人走得快
一群人走得远
书评
阅读
微课
社群
APP合作
公众号合作
4.积累用户
3.投靠平台
公众号
简书
……
持续输出
2.找别人没走过的路
1.建立根据地
守+破+离
自己擅长的
自己喜欢的
读者喜欢的

目录

CONTENTS

PART 1
时间管理：让自己的每一分钟实现价值最大化

C O N T

PART 2
职场技能：资质平平如何在职场上脱颖而出？

E N T S

PART 3
学习方法：学习能力决定你未来的路有多远

C O N T

PART 4
知识体系：拒绝盲目学习，先构建自己的知识体系

E N T S

PART 5
个人品牌：普通人如何从零开始打造自己的个人品牌

PART 1

时间管理：
让自己的每一分钟实现价值最大化

01

这个世界很公平，

因为我们每个人拥有的时间是一样的。

但是我们每个人用这个时间做的事情不一样，

我们利用时间的方式，

决定了我们会成为什么样的人。

对待时间的方式，决定你成为什么样的人

对于时间，我们是否想过自己对待它的方式呢？

今天，我来说说，我对时间的态度吧。

1. 对碎片化的时间斤斤计较

碎片化时间可以做很多事情，而且是很有价值的事情。

比如：

5 分钟的时间，可以回复读者留言；

15 分钟的时间，可以练习一幅简笔画；

25 分钟的时间，可以速读一本实用类图书。

我还喜欢同时做体力活和脑力活。

比如：

做家务的时候听“罗辑思维”；

刷牙的时候听萧秋水老师在“喜马拉雅”电台的知识管理课程；

即使是在洗澡，也一定不让自己的耳朵闲下来，这时候听听“得到”App的每日知识片段，能了解很多好玩又有趣的知识碎片。

2. 及时复盘

做一件事情，无论失败或成功，都重新演练一遍。

前两天帅 Sir 到无锡，我下班后才从镇江出发，坐高铁过去见他。

吃完饭又在星巴克聊了很久，作为英语培训界的“大神”，他给了我很多建议。

他一边说，我一边用 Surface 画，慢慢就有了几页草稿。

当晚我在回镇江的高铁上开始复盘。

因为我知道，这几张草稿如果明天早上再看，就什么都忘了。

根据遗忘曲线，9 个小时一过，我能记住的只有 35% 了。

所以我在高铁上拿着那两页电子版的草稿做参考，开始重新画，整理成一页一页的内容。

然后发给帅 Sir 看，他又对我复盘的内容做了一些补充。

你看，如果我不及时复盘，我们两个就只是聊 high 了一场而已，什么都没有产出。

注意：复盘的方法，可以参考《复盘》这本书。

3. 想得少，做得快

我们总是在想“怎么做”这件事情上，浪费太多时间。

但是以我做产品和自我学习的经验，我们应该想得快一些，做得更快才行。

比如写作，你还在犹豫要写什么，别人喜欢什么，而我则对热门新媒体的写作主题做了一个简单的分类：

生活、爱情、理财、职场、健康、学习、语言、时间管理、沟通、阅读……

然后告诉自己别想了，开始写吧。

接下来其实很简单：每个主题都去试着写一两篇。

试着表达一下自己的观点和看法，或者分享一下自己在这个领域的经验。

最近有一本书叫《逆向管理》，我推荐你们读一下。它突破了传统的“先思考，后行动”的旧思维，提出了全新的“先行动，后思考”的理念，我觉得讲的就是这个意思，我们想得太多，做得太少了。

4. 给自己的时间定价

如果你在纠结一件事情值不值得做，说明你的内在驱动力不足以驱使你去行动。

那不如看看外在驱动力能不能帮你做决策，比如给自己的单位时间定价格。

你一个月的工资是 8000 元，那意味着你每月工作 22 天，每天 8 小时工作的价值是 400 元左右。

所以你的单位时间价格是 50 元左右。

一旦你对自己的时间有了成本意识，那你就会好好珍惜时间了。

我也想“葛优躺”，我也想节假日好好放松。

但我现在一无所有，我能把唯一拥有的时间也浪费掉吗？

所以你能理解为什么我周末基本不休息了吧？

因为我的时间成本太高了，逼着我去做时间管理。

5. 设定期限

上周我在广州做签售，刚好有空，老显找我吃饭，我说：“吃饭可以，但是我只有两个小时的时间。”

去无锡见帅 Sir 的时候，我也提前明确告知几点到，几点结束。

设定期限，可以让对方合理安排自己的时间，也让自己能够对自己的时间掌握主动权。

大家提前说好，互相尊重，才能愉快地“玩耍”。

交朋友是这样，对自己要做的事情也是如此，一旦开始就要限定时间完成。

遥遥无期，也就是无限地拖延了。

超过期限没有完成，那就放弃吧。

因为不珍惜，所以不值得拥有，不是吗？

SUMMARY | 小结

▼ 对待时间的方式，决定了我们成为什么样的人。

▼ 这个世界很公平，因为我们每个人拥有的时间是一样的。但是我们每个人用这个时间做的事情不一样，我们利用时间的方式决定了我们会成为什么样的人。

如何养成自律的习惯？

有人问我："有没有能让一个人一直保持高度自律的方法？"

我自认为还算是一个自律的人，所以厚着脸皮来回答一下。

1. 什么是自律

自律需要消耗能量。自律是一种自控力，比如让自己不再赖床，不再做手机控，不再沉迷于游戏，不再拖延，等等。所以和自律对立的，是一种放纵状态：睡到自然醒，拖到 deadline（最后期限）再马虎了事，6 分钟刷一次朋友圈……

这种状态能带来即时的满足感，但是容易让人事后产生罪恶感，这也是我们一直想学会自律的原因。《意志力》一书中说："人的意志力就像肌肉力量，用着用着就枯竭了，需要休息充电再使用。所以如果你想让自己的生活方方面面都自律，其实很难办到。你可以把自己想象成一个电池，5000 毫安，放电几个小时就没电了，得充满电再使用。"

当然，你经常训练自己的自律能力，5000 毫安就会变成 10000

毫安。这就是为什么我之前做事情需要用番茄钟[①]来保持专注，现在却不需要了，因为我已经训练到不用番茄钟也能专注做事了。

2. 为什么能做到自律

那为什么有的人能做到自律呢？

比如：我每天5点钟起床，晚上11点睡，每天睡6个小时；每天更新自己的公众号，在简书上发一篇文章；每天晚上回复读者的留言；每周三更新一篇系列连载；每周六去外地城市上课；每天起来锻炼；每天晚上练吉他半个小时、手绘半个小时……

我慢慢地把自己的工作时间和业余生活排满，同时保持规律的生活，我是怎么做到的呢？难道真的因为我是处女座吗？

是因为欲望。

这种欲望体现在马斯诺的需求金字塔里面。

我早上也想多睡一会儿，但是在保证基本睡眠（6小时夜间睡眠+30分钟午休）的前提下，我的欲望告诉我，起来开始读书和写字比继续赖在床上会给自己创造更多的价值。

我之所以坚持每天更新自己的文章，是因为持续的训练会让我的写作能力突飞猛进，让我训练有成。只要一个问题，我就可以噼里啪啦地写下好几千字，这能给我带来可观的收入。

①番茄钟，是指把任务分解成半个小时左右，集中精力工作25分钟后休息5分钟，如此视作种一个“番茄”。

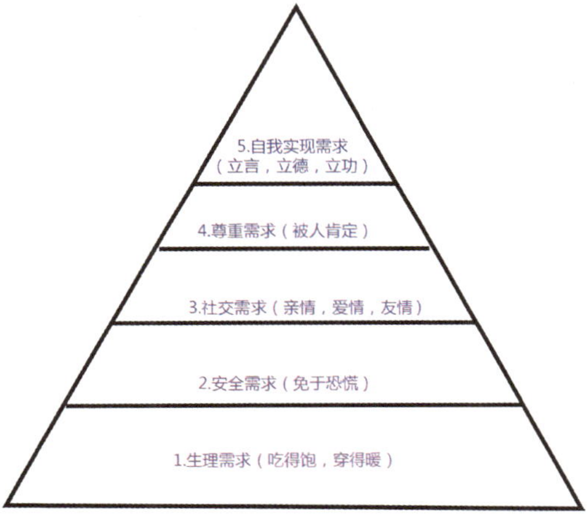

我每天坚持练吉他，还是因为我的欲望。这种欲望是，如果有一个心爱的姑娘在我面前，我可以给她弹唱一首我喜欢的曲子，没有比这更能让我有成就感的撩妹方式了（只对我而言）。

所以你看，当你的欲望大于你当下的享受的时候，你就会选择自律。说来说去，还是经济学上的问题，变成了成本与收益的讨论。（所以，懂点经济学，会让你变得更加理智，更容易看清楚一些纠结的本质。）

3. 如何自律

讲如何自律或者说学会自律的方法前，先交给你锤子和钉子，你只要锤子和钉子吗？并不是，你要的是在墙上挂一幅画。所以你的欲望是要挂那幅画，给你锤子和钉子你可以挂墙上，你还可以找一张桌子把画放桌上。那总归有一些方法吧，我就讲讲自己保持自律的一些方法和习惯。对，也就是把 5000 毫安的电池变成 10000 毫安的方法：

（1）运动

每天 5 分钟的运动真的对增强意志力有帮助吗？因为雾霾天气多，所以我更多的是坚持室内运动。我每天早起 7 分钟热身，时间不长，但是在早起之后进行，会让你从混沌的睡眠状态中苏醒过来，就像激活一块电池一样。

（2）冥想

冥想其实很简单，打开音频 App，找一堆冥想的音频，然后跟着练习就可以了。据说 CEO 们现在都在练习冥想，乔布斯老爷子也是擅长冥想练习的。冥想练习门槛很低，你只需要坐在地上或者椅子上，闭上眼睛，关注自己的呼吸就可以，至于这时候脑海里想的是什么，自己不要控制，随便它去想。每天 15 分钟（我目前只能坚持这么久），让你对控制自己的意志力越来越有信心。

（3）即时反馈

为什么我们玩游戏的时候不会感到累呢？比如我玩几分钟一局的卡牌游戏，每轮结束都会告诉我获得的积分、新的卡牌、离下一个挑战对手还有多远……这在游戏设计里面叫即时反馈。我们在做自律练习的时候，也需要设置一些即时反馈，比如打卡，用一张表格来标记自己的成就（如下页图所示），这也是一种变相的积分提醒。或者设定一个小目标，比如坚持 21 天每天手绘，就给自己买一个物品，给自己不断的激励，让自律变得越来越轻松。

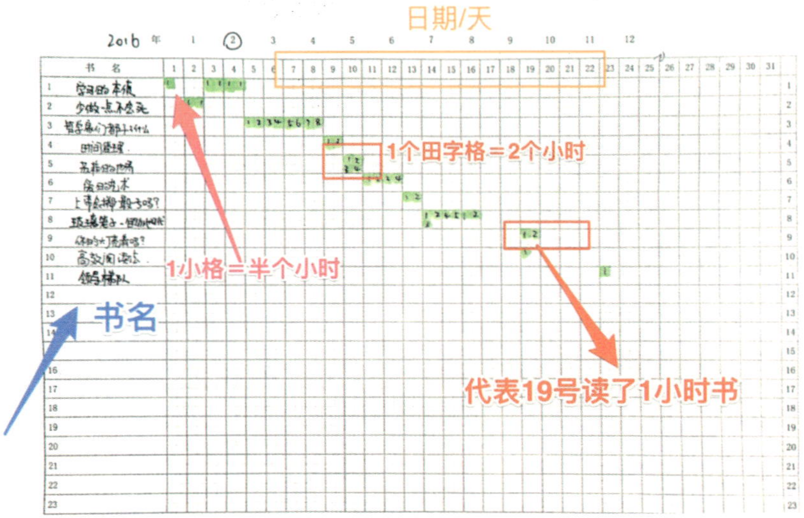

（4）社群和朋友

我痛苦的习惯养成阶段是参与微信群打卡的时候，但是也只有在参与微信群打卡的过程中，习惯养成的成功率最高。人在社交环境下会顾及自己的形象和声誉，所以不太容易选择放弃。如果你能找到一群小伙伴一起来练习习惯养成，这会是一种很好的方式。

自律源自你内心的选择。

所以你可以尝试倾听自己内心的想法：这件事情一直拖是不是你真的不喜欢？早上起不来是不是因为你更喜欢晚上工作？一个习惯坚持不下来，是说明当下对你真的不重要？

当我们把时间线放长：我为什么要很自律地做这件事情，对我三五年后有帮助吗？这样一来，你对自律和如何保持自律也许会有一些新的看法。

越忙越有时间——我的6个时间管理心诀

我是一个在职人员，同时又经常在网上写文章、做分享、做咨询，周末还跑沪宁线的各个城市，同时我还是一个速读爱好者，一天一本书的节奏……

我哪儿来的这么多时间呢？

今天我和你分享的就是我的时间管理心诀，这6个时间管理心诀是：

1. 先问为什么。

2. 判断什么对自己重要。

3. 断舍离。

4. 凑出整块时间。

5. 利用碎片时间。

6. 谅解自己。

1. 先问为什么

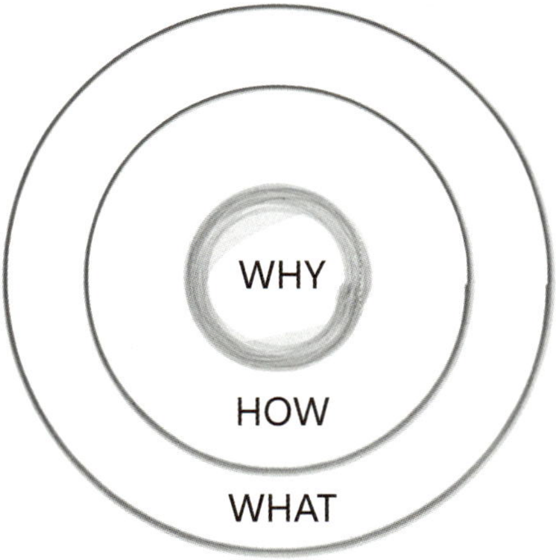

从为什么开始，搞清问题的根源是什么。

为什么我们的时间不够用？

为什么我们会拖延，不到最后一刻绝不去做，最后马虎了事？

为什么我要早起？

为什么明明知道一件事情很重要，我们却更喜欢刷手机？

这其实是因为：很多时候我们只关注时间和事情，却忘了关注自己的想法。

我真的需要每件事情都去做吗？

我真的很在意这件事情吗？

我真的很渴望实现这个目标吗？

就拿早起这件事来说，很多人看到我写的有关早起的文章和

《4 点起床》之类的书籍，觉得做一个晨间人格的人，应该可以有很多时间做很多事情。

但问题是，你为什么要早起呢？

是为了多一点时间锻炼？

还是多一点时间看书？

还是多一点时间练习写作？

知道自己为什么（why）要做这件事的时候，你才会知道如何做（how）和做什么（what）。

2. 判断什么对自己重要

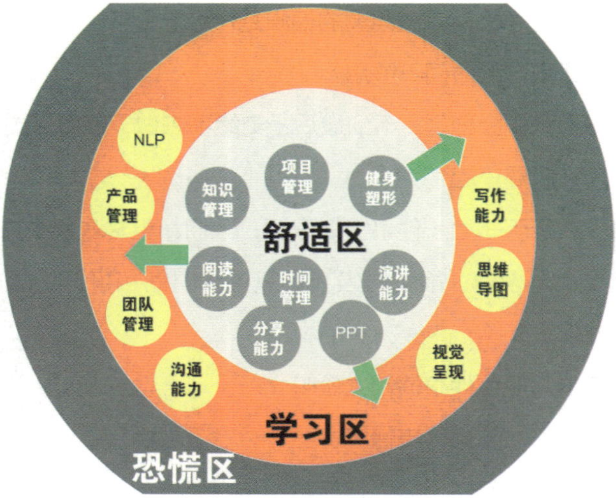

这个也想学，那个也想学，你哪儿有那么多时间呀？

所以你要学会判断什么对自己重要。

昨天晚上我做了一个咨询，一位身为公务员的小伙伴提到自己要考研这件事情，问我怎么看。

我说：“你为什么想到要考研呢？”

她说：“我身边的同事都在考啊，我就想考。”

我说我也在准备考试呢，但是我想考是出于欲望。

我告诉她，因为我的文章内容都是些方法论，很多时候只有干货，形式太单一。我看到“动机在杭州”，还有杨小米，他们都是心理学专业出身，他们的文章也有很多干货，但是读起来却总是沁人心脾，非常舒服，我猜想心理学是他们的内功心法。

而且心理学、哲学和个体行为学都有很大的联系，如果我能系统地学习心理学知识，应该对我的写作和咨询都很有帮助。

我说，这样一来，我面对读研过程中的一堆枯燥的难题就容易坚持下去。

因为我有强烈的目的性，而如果你只是随大溜，遇到困难就放弃的概率会比我大很多。

所以，一定要判断什么事情对自己重要，这样你才能知道哪些应该进入学习区，哪些暂时保持现状就好了。

3. 断舍离

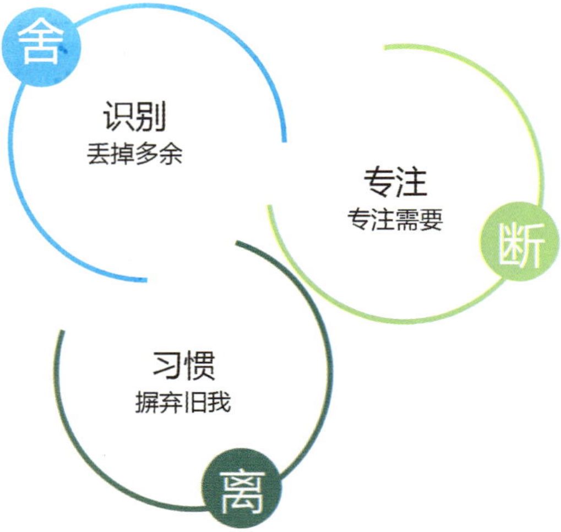

断：专注需要。

舍：识别哪些是对自己重要的事情。

离：养成习惯，学会放弃。

有朋友找我做商业类的课程，报酬丰厚，但是我看了一下时间是在工作日，犹豫了一下还是选择放弃，因为做好我的本职工作是我的底线。

我之所以现在下班后有富裕的时间来写作，在周末做分享，都是因为本职工作不需要加班，提供了时间上的便利。如果为了眼前的利益，而放弃本职工作去做兼职，一旦这种活动开始进行，后面就会频繁地出现，这势必会影响我的本职工作。

我自知现在最重要的还是自己的工作，我的现金流还没有强大到可以靠业余时间来养活自己的地步。

所以识别什么对自己最重要，专注做好当下，要学会拒绝，学会放弃。

这样，我的时间就由我控制，而不是由外界。

4. 凑出整块时间

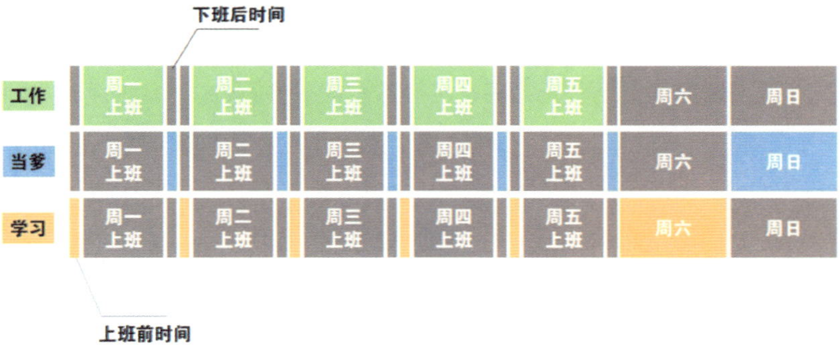

一项研究表明，当你拿着手机的时候，你刷微博和朋友圈的频率是 6 分钟一次。（你装一个 Moment 之类的 App 就可以知道自己的手机使用习惯。）

也就是你的时间被分割成 6 分钟一个区间！

在这样的碎片化情景下，你怎么可能有时间去读一本书、写一篇文章，或者看一个教学视频呢？

有些人做事效果很差，原因不在于做事的方法不对，而是从开始做事到全身心投入做事花费了太长的时间。

如果你可以迅速集中注意力，就能在很短的时间内完成高密度的工作。

（1）制造屏蔽空间

比如做分享，我在准备 PPT 的时候，活动负责人一直和我用微信确认很多细节。

于是我发现我一直没有办法做 PPT，聊了几个小时，我的时间都要时不时地切换到微信聊天界面，PPT 上一个字都没写。

于是我果断关闭手机，给自己制造了一个屏蔽空间。

我要保证自己心无旁骛、专心致志地去做这件事情。

最后我那份受聊天影响而花了几个小时都做不出来的 PPT，在我关闭手机之后只花了一个小时就交给了组织方，而且还是一次性通过。

（2）在早上和晚上找出整块时间

你现在看到的这篇文章就是我利用早上的整块时间来完成的。

我一口气写到现在，完全是因为我早上起来给自己预留了 45 分钟的写作时间。

这段时间就算把手机关掉，也不会影响我的工作以及与别人的联系。

5. 利用碎片时间

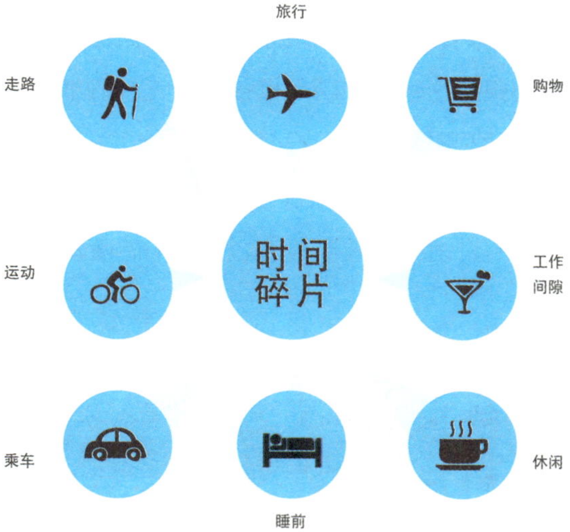

凑出整块的时间对我们专注做一些事情很有帮助，另外，我们的生活中还有很多琐碎的时间：排队、等车、等人、在车上、睡觉前……

这些时间我们都是拿着手机度过的，会不会有点可惜？

其实我们完全可以将这些时间利用起来，比如随身携带一本书或者 Kindle，发现需要等待很长时间（比如 25 分钟）时，就可以进行一个番茄钟的阅读了。

坐地铁、挤公交时不方便看书，但是可以听书、听英语，喜马拉雅之类的 App 上有很多从视频转过来的节目，甚至连书都有人读给你听，你完全可以在颠簸晃荡的车厢里面隔离出自己的学习空间。

再比如微博上“# 和秋叶一起学职场技能 #”里面有一项碎片化时间整理术，教我们整理出 1 分钟能做什么和 5 分钟能做什么。

你会发现原来这些我们以为直接可以无视的细小的碎片化时间，可以做这么多事情。

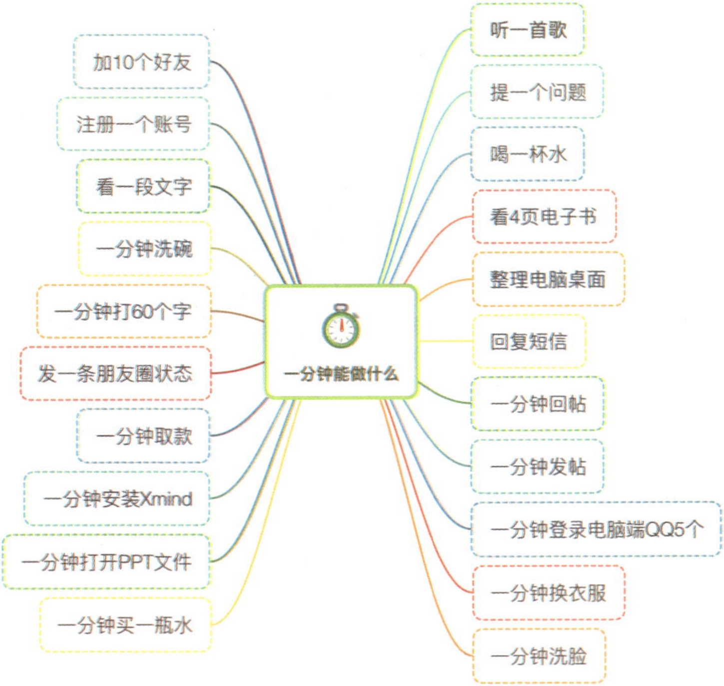

6. 谅解自己

前面讲了这么多心诀，其实每一个都需要我们去主动尝试。

这些心诀真的适合你吗？不一定。

你真的都能做到吗？不一定。

如果对于一个习惯的养成，你觉得自己要坚持 100 天才能做到，那过程中遇到的低谷和想放弃的想法就是很正常的反应。

自律、自控、意志力这些现在满世界飞的名词，好像要把我们塑造成一个圣人，但是我们都是很普通的人，你可以把意志力想象成你身体里的蓄电池。

每个人的电池容量不同，你有 5000 毫安，你一天就只能充两次；如果你有 10000 毫安，你就可以充四次。

所以我们正处在锻炼自己从 5000 毫安变成 10000 毫安的阶段。比如我现在有正常的工作，我的文章更新速度就比其他简书“大神”慢，所以读者关注度的数据被“大神”们碾压就是很正常的事情。要谅解自己，我现在只能做这么多，达到这样的极限，就不会感到沮丧或充满失落了。

SUMMARY | 小结

▼ 这就是小六的 6 个时间管理心诀：

1. 先问为什么。
2. 判断什么对自己重要。
3. 断舍离。
4. 凑出整块时间。
5. 利用碎片时间。
6. 谅解自己。

▼ 这 6 个心诀，让我关注自己内心的真实需求，学会把时间花费在重要的事情上。用整块的时间保持专注，收集零碎的时间进行学习，即使再忙，也是有目的性、有针对性地忙。

▼ 这样越忙越能专注实现自己的目标，时间的利用就会进入一个良性循环，时间变得越来越多。

为什么越有能力的人，越选择忙？

1

J 姐经常带着她读高中的女儿一起参加拆书活动。

她后来还撮合我们和苏州吴江文化局举办一次联合拆书活动。

我们四五十人从苏州到吴江，几十公里的路程，她又当司机又当导游。

哦，对！那天，她开着奥迪 Q7。

她是一家广告公司的老总，公司业务稳定。女儿出国留学后，她又开始另开战线，杀入中小学辅导培训行业。

我帮她做过一次 IT 信息化的设计，每次都是一群人激烈讨论到凌晨。

然后她亲自送我到酒店，再开车回去，第二天又是最早到公司。

已经在事业、家庭方面都美满的女人，为什么还要这么拼呢？

我还没到那个层级，想不通很正常，但是我把她作为我的榜样。

2

Simon 是北京人，也是美国的海归。

我第一次见到他，是在周庄古街上的糖果店里，他正用一口美剧级的英语为几个外国美女介绍产品。

“一份糖果甜品 + 一段音乐 + 一个 Wi-Fi= 一个夏天”是他店里的 slogan（口号）。

他放弃在北京的规划设计工作来到江南做糖果生意。

我很好奇，他笑着解释：“这个世界多无聊啊，糖果最容易让人开心了。”

坚持了两三年，生意慢慢有了起色，现在周庄的店只是他一家分店，目前江南的古镇基本上都有他开的店。

糖果店铺不大，店长、伙计都是他一个人，所以没跟我说上几句，店里来了客人，他又去招呼了。我看到他总是腼腆地笑着，做介绍，接待进店的客人。

我留意到他的午饭就是一个简单的外卖盒饭。

我晚上 10 点直播结束之后在古街上散步，路上又碰到他，他仍是一脸憨笑，说刚打烊。

他在做自己喜欢的事情，而我们却在用“赚钱”“很忙”来衡量一个人是否成功。

3

每个星期我都会去参加其他城市的线下活动。

我发现其实每次来参加活动的，他们中的大部分人在职场中已经小有成就。

我笑着说：“这哪儿是我来做什么分享，我每次都是来‘抱大腿’的。”

很多人问我哪儿来的这么多资源，其实是因为这些“大神”经常出现在学习活动中，你只要有诚心，大家互相认识，自然会给你争取很多机会。

我在很多培训课程的线下学习活动中结识的前辈，他们要么来自企业，要么来自高校，用“事业有成”来形容他们一点不为过。

可大家一起学习的时候，他们是最积极的。

我问过他们，他们常回答的是：自己不懂的太多了，需要跟上步伐。

为什么越牛的人越觉得自己不懂的太多了呢？

如果用一张图来解释，大概就是：他的知识领域越大，和这些领域接触的学习区就越大，从而越容易激发他们学习的积极性。

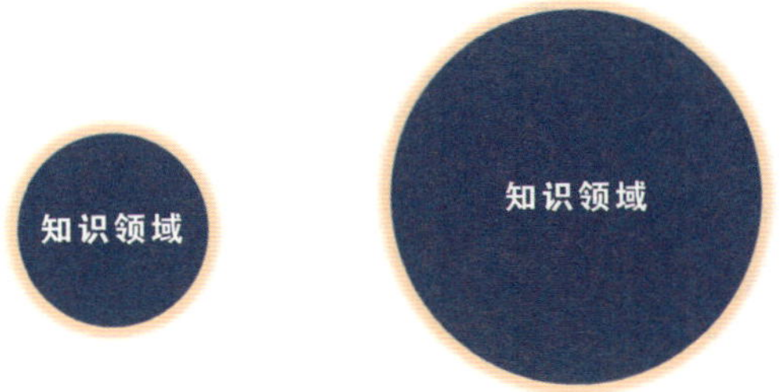

知识领域越大，和学习区接触的边界线越长

4

“罗辑思维”主讲人的罗振宇在他的节目中解释过这个现象：为什么越有能力过悠闲生活的人，越选择忙？

“有时候太累了，我也想说我要去三亚度假一个月！但是我不能，因为我的机会成本太高了！我暂时一离开，万一有什么合作的生意，我错过了，损失就大了。”

机会成本（opportunity cost）就是：我花时间和精力做了A事，我就没办法去做B事，那B事产生的收益就是我的机会成本。

就像我早上也想赖床，但是赖床一个小时，我便少写了一篇文章，或者少读一本书，这些都可能减少产生“爆款”的机会。

过去的半年，我写了200篇文章，共计33万字，才有两篇阅读量突破10万，这样一想，赖床导致的损失的机会成本就太高了。

5

还有另一个原因可以解释，就是有能力的人不是瞎忙，而是进入了一种心流状态。

心理学家米哈里·齐克森米哈里（Mihaly Csikszentmihalyi）

将心流（flow）定义为一种将个人精神力完全投入在某种活动上的感觉：

（1）我们倾向从事的活动。

（2）我们会专注一致的活动。

（3）有清楚目标的活动。

（4）有立即回馈的活动。

（5）我们对这项活动有主控感。

（6）在从事活动时我们的忧虑感会消失。

（7）主观的时间感改变——例如可以从事很长的时间而不感觉时间在消逝。

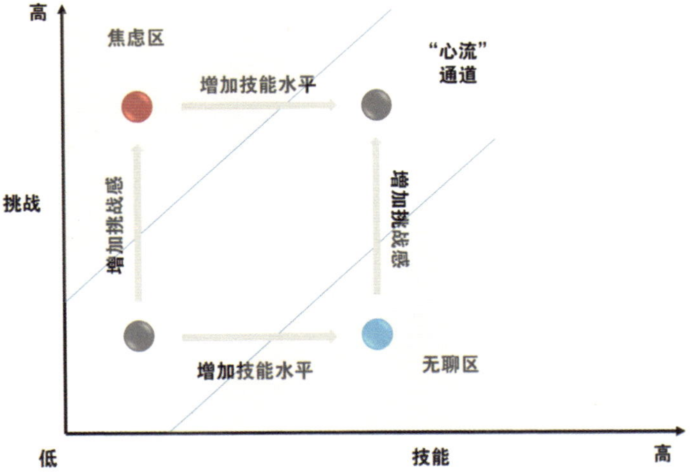

"大神"们在忙，是他们在专注做自己觉得重要的事情。

其实他们不觉得累，只是我们在瞎操心而已。

6

“为什么越有能力的人，越选择忙？”原因在于：

（1）成就越大，机会成本越高，越不容易放弃。

（2）他们沉浸心流在做自己喜欢的事情，只是我们看着累而已。

上海的形象美学专家潘冷竹老师跟我聊《荒野生存》的时候，说她看了三遍，并强调这是做个人品牌的人必须看的一部电影。

我好奇地问为什么。

她说，因为主角从一开始就没有退路了，所以他只能一直向前。

我想这也是一个原因。

上班前的 15 分钟，决定了你一天的工作效率

如何开启一天高效率的工作？

每天从早忙到下班，为什么好像什么都没干？

为什么忙死了，但是一点成就感都没有？

其实这些问题都很容易解决，你只要学会利用开始工作前的 15 分钟就行了。

1. 设置好工作区

开始一天工作前的第一步，就是将环境干扰因素控制到最低，所以我们需要对自己工位的可视范围内的东西进行整理。

（1）清理电脑桌面

还在为满屏幕的文件不知道怎么分类放置烦恼吗？

使用 Fences 这个软件可以在桌面创建分区，特别适合桌面文件很多的人。

我的电脑桌面只简单地划分了三个区域：

重要不紧急区域：放重要项目以及与任务相关的文件。

日常工作区域：日常办公需要访问的文件夹快捷方式，将工作内容每日备份。

临时区：放临时产生的文件，便于每日清理。

使用 Fences 创建桌面分区，也可以使用 360 软件管家整理快捷方式。

清理之后你会发现，桌面上的各种小物件全部不见了。

（2）放一张 A4 纸

放一张 A4 纸，这样可以随时写下一些想法和待办事项。

（3）水杯倒满

清洁水杯，泡上一杯咖啡或者茶，这样在开始进入工作状态的时候，就不会因为口渴而中断工作了。

（4）手机静音

将手机调成静音，这样在开放式的办公区域，就不会打扰到其他同事。

不给别人制造麻烦就是一种修养，不是吗？

（5）查看邮件（不回复）

查看邮件，知道哪些需要回复，哪些需要处理，哪些只是知悉就够了。

为什么要提倡大家写一个高效的邮件标题？因为有时候你只需要看标题，就知道邮件的内容和轻重缓急了。

2. 查看待办清单

（1）建立

GTD（Get Things Done，即把事情做完）的第一步，就是收集自己所有的待办事项。

(2) 实时更新

当有新的事务产生的时候，你可以通过 PC 端的任务清单软件实时添加。

它的处理流程要熟记于心：

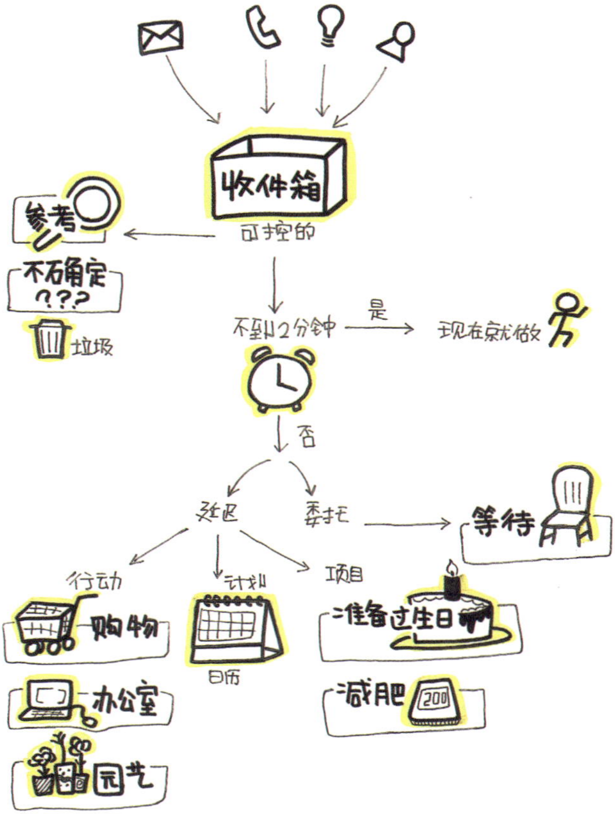

（3）上班前查看

上班前的 15 分钟，我会选择查看计划内的今日待办事项。

然后再将待办清单全部浏览一遍，挑选一些任务设定为今日完成。

（4）设定最后期限和任务的 7 天响应周期

待办事项中特别需要注意的是，快要到最后期限的任务。

另外，如果别人拜托你一件事情，但是没有告诉你截止时间，你可以设置第 7 天为截止时间。这样做的原因：一是对方可能不知道这件事情你要做多久；二是你自己也不太清楚这个事项的具体内容。所以设定 7 天为期限，7 天内给对方答复，如果确定了内容，可以重新创建任务。

3. 确定当天最重要的三件事

每日清单确定之后，是不是就可以开始干活了呢？

根据 80/20 法则，往往最重要的 20% 的工作决定了你 80% 的工作成效。

所以我们要学会认清哪些是对我这个岗位最重要的 20%。

《吃掉那只青蛙》这本书中说：如果每天一开始，你能吃掉一只青蛙，这一天里面就没有什么能难倒你的事情了。

“青蛙”就是最重要的事情。每天挑选最重要的三件事情，然后专注地完成它们。即使你只做完第一个，后面的没有完成，也会很有成就感。因为最能体现你的工作绩效的事情，你完成了。

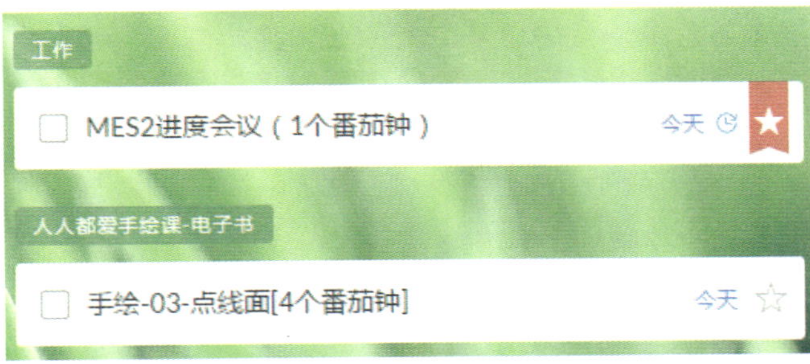

标记今天的重要事项

4. 用番茄钟估算时间

如果你不会估算自己的工作，你会发现经常是一天下来排了很多任务，但是每次都做不完。

原本以为几分钟就可以搞定的工作，结果花了 1 个小时。

所以提高自己的工作效率，并不是说提高速度，而是让自己越来越精确地判断一件事情要花费的时间。

你要做自己职业的精算师。通过番茄钟估算，如果你发现工作 8 小时里面，你的番茄钟数量超过 10 个，说明工作量可能偏大了，需要加班或者将一些不重要的任务从今日待办事项中移除。

所以，使用番茄钟来估算时间的好处是以 25 分钟为一个单位，执行起来也很方便，你只需要使用番茄钟 App 进行记录就行了。

而且番茄钟的核心功能是，保持专注，让你保护自己的整块时间，减少碎片时间的出现。

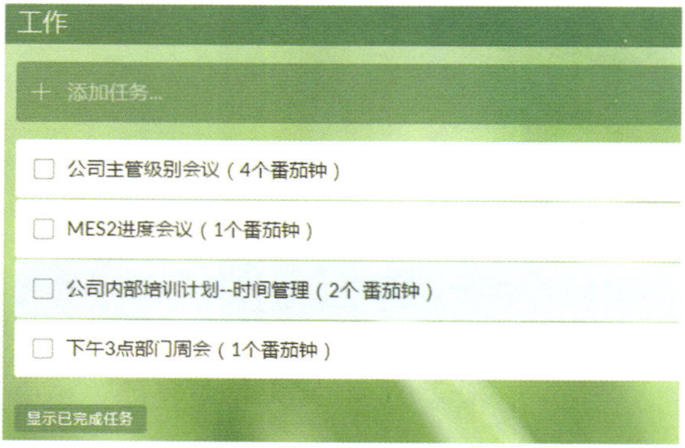

使用番茄钟估算法

5. 完成自己的需求再帮助别人

好啦，15 分钟时间你会发现你做了上面这么多事情。

最重要的是，这个 15 分钟的整理让你对今天的工作有了大概的认识，你是会忙成“狗”还是闲得慌，基本上在这 15 分钟里面就已经确定了。

但是你也许会发现就算开启番茄钟，被打断总是难免的。那怎么办呢？

我个人的建议是，除非是你的领导打断你，如果是其他同事打断你，你都可以使用下面这个句型来回应：

“我等下找你吧，我正在……”

要完成自己的需求再去帮助别人，因为你的效率体现在你的产出而不是别人给你发的好人卡上。

当然，我的老板很开明，他一般找我都会先说：“小六，忙完手上的活儿，过来一下。”你看，一句话就能看出他是高段位的职场人士。

SUMMARY | 小结

▼ 这 15 分钟的整理如果是在上班前完成，就意味着你每天都比身边的同事早一步进入工作状态。要不要试试比平时提早 15 分钟到公司呢?

利用意志力，过上自己想要的生活

我们很多人都有过这样的经历：想养成一些好习惯，但是没坚持几天就放弃了；想减肥控制自己的饮食，但是抵御不了美食的诱惑，于是反反复复，懊恼不已。

成功学的鸡汤会针对上面的问题给出标准答案——坚持！比你强大的人都在坚持，你更要坚持！

可是，让你坚持的人忽略了一件事，就是让我们坚持下去的意志力是一个稀缺的东西，稍微一用，就没有了。

所以，今天我们就来聊聊如何利用稀缺的意志力来帮助自己过上想要的生活。

1. 什么是意志力

意志力（willpower），这个名词尽人皆知，却又难以给出具体且明确的定义。

研究这一领域的心理学家认为，意志力这个概念可以化为自我控制（self-control），自我控制指的是能控制内心某个冲突，成功抑制“恶魔”的一方。

比方说跑马拉松时会肌肉酸痛、呼吸不顺、腹部疼痛等，此时内心就会出现想停下来舒缓痛楚的欲望，然而另一方面也希望可以完成全程马拉松，好证明自己是个好汉。此时内心就产生了一个冲突，要继续跑还是停下来？若能成功地抑制停下来舒缓不适的欲望，也就控制了这一次的内心冲突，马拉松就得以继续跑下去。

因此，完成一次马拉松 = 重复地对抗内心冲突、抑制想停止的欲望 = 意志力的展现。

许多生活上需要意志力的行为都能够以这个模式去解释，像减肥者需要抑制食欲、规律运动，比如我们为了习惯养成，需要天天在微信群里面打卡等。

2. 为什么意志力是稀缺的

值得我们注意的是，意志力像电池一样，用完就没了。

《意志力——关于专注、自控与效率的心理学》一书中提到了这样一个实验：

受试者被要求事先禁食，然后他们被随机地分为三组。

学生们以为实验的目的是测试他们的智力，而实际上这些题都是无解的，实验真正测试的是他们愿意在题目上坚持多长时间才放弃。

控制组的学生直接做题，而两个实验组学生在做题之前则先被带到另一个房间，面前是刚烤好的巧克力饼干以及一些萝卜。

实验人员告诉第一组学生可以随便吃饼干，但是要求第二组学生只能吃萝卜。在第二组学生抵制了饼干的诱惑之后，两组学生都被带去做题。

结果饼干组跟控制组一样坚持了 20 分钟，而萝卜组只坚持了 8 分钟。合理的解释是，萝卜组的意志力在抵制饼干的时候被消耗了一部分。

我们投入专注力做事情的时候都需要花费意志力资源，而强迫自己做不喜欢的事情的时候，意志力资源消耗得尤其快。

而意志力一旦用光，大脑就自动罢工，效率下降，开始拖延，工作质量不尽如人意。

意志力像肌肉一样，通过努力去做自己不喜欢的事情，就能像锻炼肌肉一样增强自己的意志力。

所以当我们忙碌了一天，然后在地铁里被挤成沙丁鱼罐头，最后到家，精疲力竭，连话都不想说，这时候你的意志力几乎消耗殆尽，再让你做一些你不喜欢的事情，比如看书，比如听课，比如参加微信打卡……你坚持不下去，也就是这个原因了。

3. 我们如何利用稀缺的意志力

在一个实验中，研究者把买来的物品堆满了桌子，要求被试者看，并告诉被试者，实验结束后，他们可以从中挑一个带走。然后，研究者让实验组的被试者（决策者）做选择，并且告诉他们选了什么最后就拿走什么。他们做了一系列选择，每次选择都涉及两样物品，是更喜欢钢笔还是蜡烛？香草味的蜡烛还是杏仁味的蜡烛？一根蜡烛还是一件 T 恤？黑色 T 恤还是白色 T 恤？

与此同时，对照组的被试者（非决策者）花同样长的时间琢磨同样的物品，但不做选择。研究者只让他们对每样物品评分，还让他们报告自己最近六个月对每样物品的使用频率。

之后，所有被试者都做经典的自制力测验：把手放在冰水里，待的时间越长越好。冰水是让人不舒服的，人的本能冲动是把手拿出来，所以把手放在冰水里是需要自制力的。

结果，决策者比非决策者明显更快地放弃。显而易见，做那些选择损耗了他们的意志力。这一效应在其他决策制定练习中一再地显现。

决策疲劳有助于解释为什么平常通情达理的人会对同事、家人生气，会把钱挥霍在买衣服上，会在超市买垃圾食品，会抵制不了汽车推销员的诱惑而把轿车更新为防锈型。

既然决策疲劳这么容易消耗我们的意志力，那我们有没有什么办法来应对呢？

（1）每天做最重要的三件事

既然意志力稀缺，那就意味着我们要用它来对付每天最难啃的骨头。

休息了一晚，你的意志力就像充满电的充电宝一样，所以在每天的开始，就尝试去完成最重要的三件事。

什么是重要的事？就是你必须去做、别人替代不了你、会得到很大回报的事。

这三件事可能会消耗你大量的意志力，但是一旦完成，也就意味着你已经把今天最重要的事情做完了，即使今天还有其他事情没有做完，或者筋疲力尽不想再做了，也没有关系。

每天集中精力关注最重要的事情，会让我们越来越成功。

（2）学会用清单管理自己的事务

心理学上有著名的“蔡氏效应”（Zeigarnik effect）：任务未完成、目标未实现，脑子里就会有个声音不断提醒你去完成任务、实现目标。然而，一旦任务完成了，目标实现了，脑子里的那个声音就会消失。

所以，如果你将自己要做的事情都装在脑子里，以为这时候声音在提醒你和干扰你现在正在做的事情，这无异于时刻在消耗我们的意志力。

解决的办法就是，将自己的工作和生活上的事务列入清单，不要只靠大脑记忆。

用工具来辅助我们的大脑做日程计划，这样我们每天只需要一点点时间就知道今天该干什么，这周还有什么事，这个月要有什么样的安排。

（3）养成仪式性习惯

每天早上起床，你可能都在纠结是先运动还是先看书，是先打开手机听语音新闻，还是先看资讯日报……

你要知道，做任何决策都是会消耗我们的意志力的。

所以你可以尝试建立自己的仪式性习惯，早起后该干吗，睡觉前该干吗，把一系列事项连接起来，变成习惯。

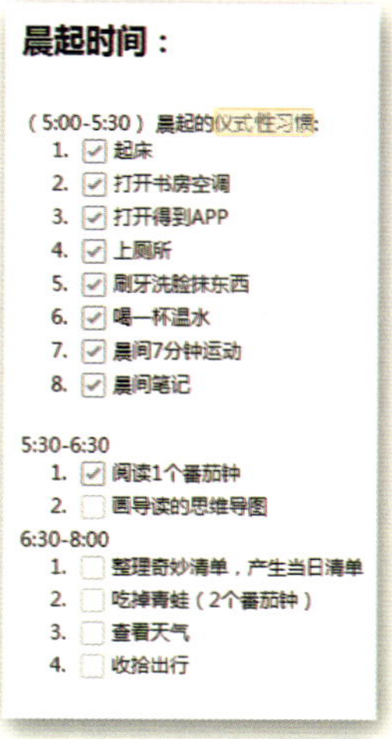

4. 如何锻炼我们的意志力

如果我们把稀缺的意志力比喻成一块电池，每次消耗完之后就需要充电，等待第二次的使用，那我们就可以从两个方面锻炼自己的意志力。

（1）快速充电，恢复意志力

充电 5 分钟，通话两小时。

我们可以通过训练，让自己能够快速地恢复意志力。

- 散步锻炼、瑜伽冥想
- 听音乐
- 睡眠充足，偶尔打盹
- 原谅自己

（2）将意志力电池的“容量”变大

- 将目标写出来，贴在显眼处
- 保持好奇心
- 与亲朋好友组成意志力互助小组
- 运用番茄钟等 GTD 工具

SUMMARY | 小结

▼ 聊到这里，相信你已经理解什么是意志力，没有意志力我们会出现什么问题了。

▼ 理解自己的状态，找到问题，才能准确地找到方法去实践、去行动。

▼ 下次，如果你发现你的生活开始变得一团糟，发现做一些事情坚持不下去，你可以问问自己的状态。

▼ 学会利用稀缺的意志力，也就是学习如何利用自己有限的精力，将产出回报比率最大化的一个过程。

▼ 期待你的行动。

你连时间都不会管理，怎么做斜杠青年？

很多人对“小六的时间是如何利用的”非常感兴趣。

我每天要读一本书；写一篇文章，排版后发布到公众号和微博上；我要回复很多读者的问题；我每天晚上都还要做一些分享和互动……

作为一个上班族，我怎么会有那么多时间来做这些事情呢？

今天我就用一篇文章来一次大揭秘。如果你也是上班族，也想用下班后的时间做一些好玩和有意思的事情，希望我的方法给你一些参考。

1. 上班前

上班前的时间，因为不受任何干扰，所以是我一天效率最高的黄金时间。

我一般会做下面一些事情：将零碎的动作变成仪式性习惯，然后查看一天的任务清单，再开始我的阅读和写作学习类的活动。

上班前的时间（3小时）

5:00—6:00 **起床，仪式性习惯**
6:00—7:00 **“吃青蛙”时间**
7:00—7:30 **速读时间**
8:00 **出门上班**

（1）仪式性习惯

我一般都是 5 点起床，有了仪式性习惯，醒来根本不用想接下来做什么，照着清单做就行。

给自己列一个清单，列出每天起床都会做的事情。

这样不用每天早起就纠结该做什么。

只要坚持一段时间，连清单都不用，每天自然形成一套起床仪式。

（5:00-5:30）晨起的仪式性习惯:
1. ☑ 起床
2. ☑ 打开书房空调
3. ☑ 打开得到APP
4. ☑ 上厕所
5. ☑ 刷牙洗脸抹东西
6. ☑ 喝一杯温盐水
7. ☑ 晨间7分钟运动
8. ☑ 晨间笔记

（2）查看任务清单

检查自己一天里的任务安排，也是上班前很重要的一件事情。

对今日待办清单做一个简单的时间预估，看看你的时间是否能够全部解决这些事情，如果不行，赶紧调整。不要等到一天结束的时候，看到很多事还没有解决，满满的都是挫败感。

（3）阅读和写作

因为早上精力充沛，专注力相当集中，所以我会利用早上的时间解决一些很重要的事情。

比如写一篇文章，比如读完一本书。

速读是用 30 分钟的时间快速将一本实用类书籍读完，然后标记重点，重要的地方做折页。

如果时间充裕，我会再花 30 分钟从书中挑一些我标记过的读一遍，然后将心得分享出去。

2. 午间休息

午饭后有一个小时的休息时间。

我会用 30 分钟回复简书、公众号和微博的评论，和读者做一些互动。

通过评论我可以知道这篇文章到底写得怎样，也可以在评论中找到一些新的写作灵感。

比如这篇文章就是因为有小伙伴问我“如何处理自己的时间”，

我才写的。

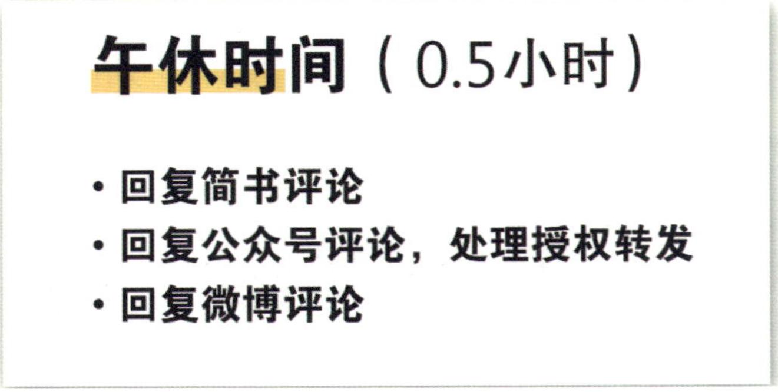

剩下的半个小时，我会眯一会儿。

对于午睡的时间，理论上应控制在 30 分钟之内。因为入睡 30 分钟之内是浅睡眠，之后是深睡眠。在浅睡眠期醒来，可以精力充沛地进行下午的工作学习；但如果在深睡眠期醒来，反而会头脑昏沉，影响下午的工作学习。如果午睡时间过长，还将导致晚上的入睡时间推后，甚至失眠。

3. 下班后

作为一个夜间服务工作者，我下班后的时间都会安排做一些分享活动。

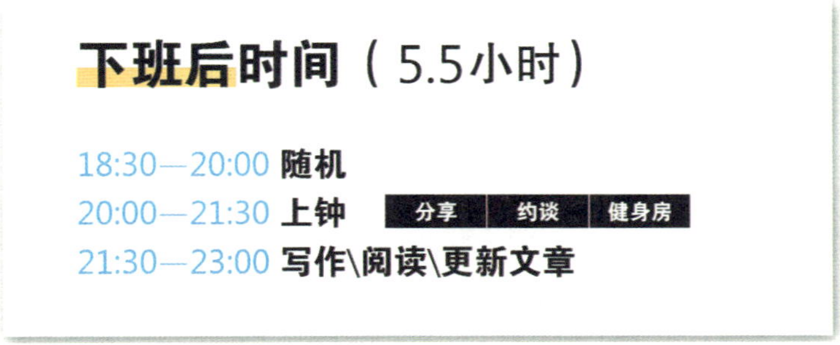

下班后的时间自由度很大，有分享会安排分享，提前一个小时进入准备状态；没有分享就会去健身房、收拾家、约会等。

睡觉前同样可以做一些仪式性习惯：

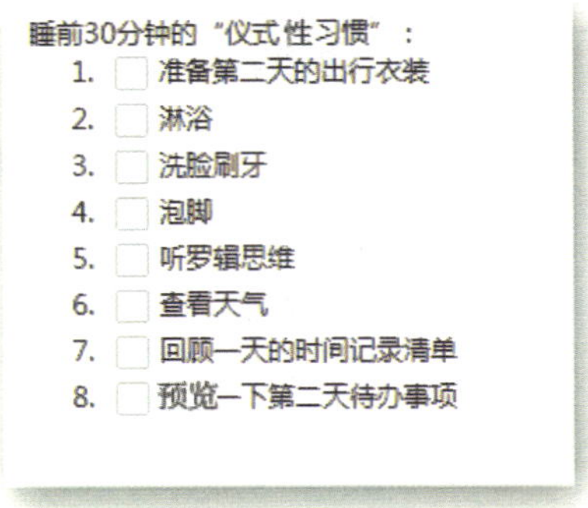

4. 时间管理心得总结

很多人说：“你每天都做很多事情，这样安排你的时间会不会太过机械化了？”

我说："你错了，保持充分的自律、从容的生活节奏，才是节约时间的最好方式。"

充分利用好时间，才能空出很多闲暇时间来做其他的事情。

我们下班后的时间都一样多，我用你在"葛优躺"、刷朋友圈的时间挣钱，应用的就是下面两个心法：

（1）分清重要和紧急，专注第二象限

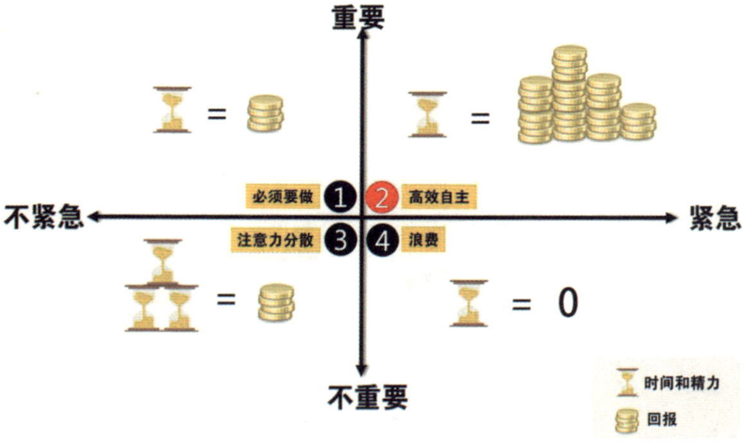

很多人每天事情都很多，但是实际上都是没有什么成果的。

也就是说，时间和精力的付出并没有得到相应的回报。

所以，如何利用下班后的时间高效地挣钱，实际上就是看你的时间和精力关注在哪个区域。

如果说上班的时候我们身不由己，那下班后你也不关注重要紧急，就是咎由自取了。

所以，我下班后的时间，都是在做重要而不紧急的事情。比如学习、写作、锻炼等，需要长时间投入才能有效益的活动。

这些事情短时间内看不到收益，我们感觉不到它是紧急的，但是当你看到别人利用业余时间收入轻松过万的时候，你就发现紧急了。

（2）石头和沙子，预留空闲时间应对突发情况

我们一个星期的时间就是 7×24 小时。

那我们一个星期到底可以做多少事情呢？

可以适当地计划，但是请注意，你计划自己的每周时间有一个前提，就是要确定自己的角色。

我们有公司的角色，有伴侣的角色。

所以不要把自己的时间一股脑儿地排满，你先根据不同的角色看看自己一周的时间里面，哪些是固定时间段耗费的。

这些时间段我们称为大石头，也就是你重要而不紧急的事情。

剩下的时间，就是可以装入的“沙子”了，也就是第一象限“必须做的事情”和第三象限“临时让我们注意力分散的事情”。

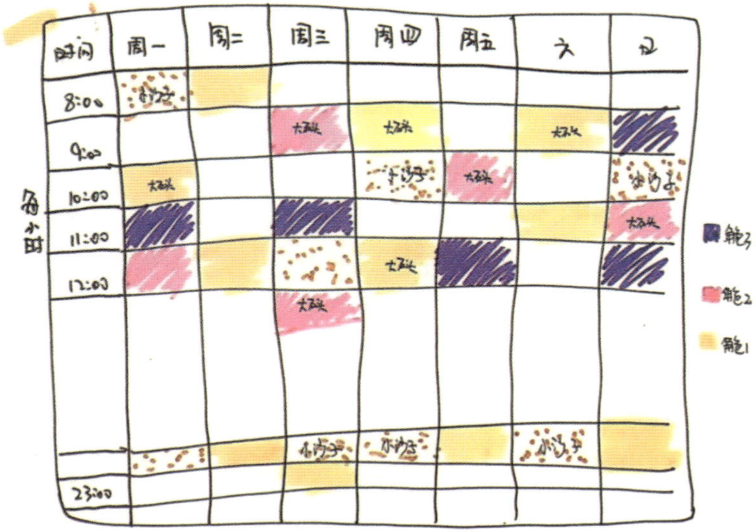

所有的工具、方法都是基于这两个心法来做尝试的。

比如你可以尝试对“时间管理”这个主题来一次主题阅读。

但是相信我，没有任何一本书的方法是你可以直接拿过来就用的。

它们都是需要你结合自己的情况做一些尝试和改进，然后才能形成自己的节奏。

你需要管理的不是时间，而是精力。

相信你也完全可以自主控制好下班后的时间，来追求实现自我价值。

想过好每一天，先学会事务收集

每天都很忙；

事情多得不得了；

稀里糊涂、容易忘事，原来重要不紧急的事，最后拖延成了紧急的；

番茄钟、“吃青蛙”，用了很多工具但还是忙得乱成一锅粥；

事情多得像双十一爆仓的快递包裹，怎么都处理不完！

以上都是我们做事情的时候经常面临的情况。

今天我们先来聊聊时间管理的第一步：如何收集自己的事务。

1. 为什么要随时随地记录？

在大脑记忆原理概念中，记忆被看作人脑对输入信息进行编码、存储和提取的过程。

按信息的编码、存储和提取的方式不同，以及信息存储的时间长短不同，我们将记忆分作瞬时记忆、短时记忆、长时记忆 3 个系统。

但是在多屏时代，我们的注意力和精力越来越被碎片的信息切割成小块，所以随时随地会出现你想到要处理的事情、别人交代你的事情、你忽然要处理的事情都蜂拥而至，我们越来越多的记忆被放置在了短期记忆区。

琐碎的小事忘记了倒无所谓，关键是很多时候我们会因为琐碎的事情太多，忘记了重要的事情。

将堆积在一起的大事小事理清楚

2. 随时随地收集的工具

你可以选择随身带一个本子，记录下来这一切；你也可以选择使用手机上的一些 App 工具来记录。

比如：

笔记类：印象笔记、有道、为知等。

清单类：奇妙清单、滴答清单之类。

截图来自奇妙清单 App

不管你使用什么样的工具，最终的效果是保证自己能够随时随地记录要处理的事情，将大脑清空，这样你的大脑里只需要关注重要的几件事情就行，其他事情都变成一条条记录，存放到“收件箱”里。

3. 收集是为了整理

我们把大脑想象成一个快递公司，你产生的一堆事务就是一件一件的快递包裹。

这些包裹（事务）现在都需要你来投递，你该怎么做？

对！收件、挑选、分类，然后发货。

收件：将所有自己将要做的事情都事无巨细地列出来，可能有几十条之多，但是没关系，给自己的大脑做一次大扫除，全部清理出来。

挑选：确定哪些自己能做，哪些自己暂时做不了，或者太复杂不现实的事情先搁置。比如我要骑行西藏，这件事情暂时不太现实，因为这是对体能和勇气还有假期的三重挑战，我现在的工作性质暂时不允许。

分类：知道怎么做。这件事情能做，那是两三分钟就可以立即解决的，还是需要放到当天稍后解决？还是放到日程计划里面去？

发货：最后的步骤就是去执行了。

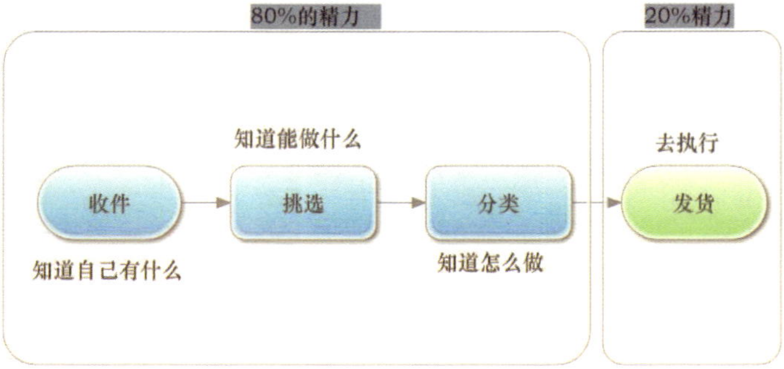

快递包裹的整理流水线

你会发现收件、挑选、分类会占用你 80% 的精力，而到了执行阶段，往往会变得很简单。

不用担心前面的过程占用了太多的时间，你要知道，想清楚了再挑选重要的事情去做，比什么都不想乱做一通更有效果。

80/20 法则，用 20% 的时间去实现 80% 的时间效能，说的就是这个意思。

4. 每日计划的流程

日计划制订方法其实也是这样一个逻辑顺序：

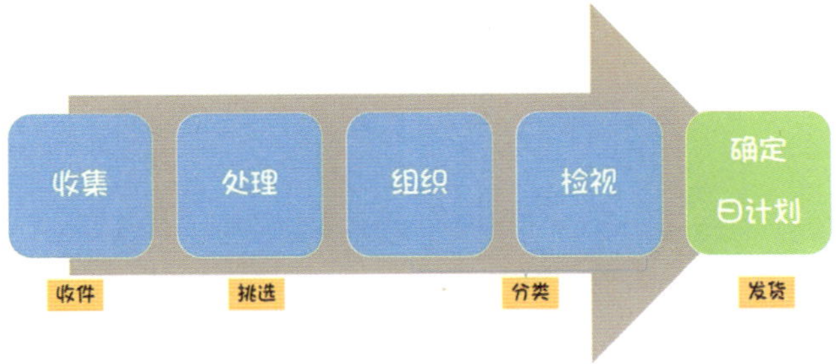

每日计划流程

SUMMARY | 小结

▼ 在读下一篇文章之前，不如我们来做一件事情，给自己 15 分钟的时间，把自己脑海中能想到的所有事情（想做或者必须做的）在 15 分钟的时间里面通通写下来。

▼ 学以致用，不然读干货类文章有什么用？！

PART 2

职场技能：
资质平平如何在职场上脱颖而出？

为什么同样一件事，
别人可以做得很漂亮、很舒服、很高效？
为什么有的“大神”能力爆表，
但是不为人所知？
这是因为从专业人士变成业务高手，
需要你在提升自己专业水平的同时，
也要注重软技能的积累。

我们怎么学会理解这个世界？

1

上面画了 3 个圆圈，你认为它们是什么呢？

李海峰老师在 DISC 课上讲到了这个案例。

如果你没有吃早饭，你会觉得它们是 3 个鸡蛋。

最近你在学手绘，你会说这就是 3 个圆圈。

如果你缺钱，你会认为这是 3 个硬币。

我们看到的事物是什么，要么依赖于我们的经验，要么依赖于我们最近发生的事情。

所以如果我问你，你是怎么看自己的呢？

你怎么说，还不错，还是并不好？

2

那我们换一种方式，再看一张图：

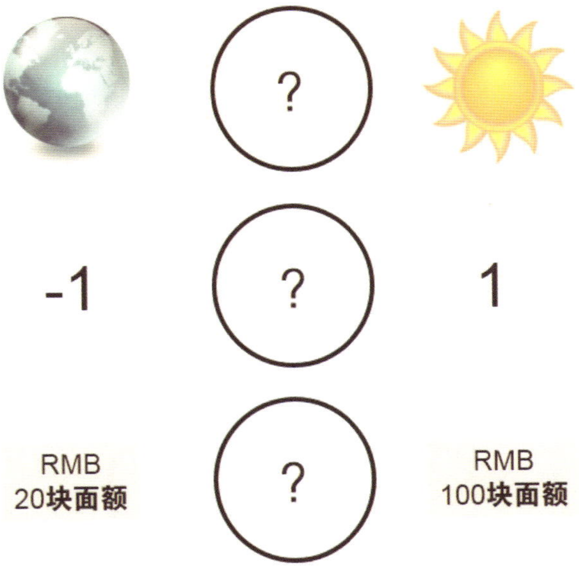

这个时候，这 3 个圆是什么，你是不是能够认识到了？

仅仅是将要观察的陌生事物放到一个具体的场景中，我们就能够理解它是什么了。

我们需要认知坐标来辅助我们理解世界，并做出我们的评价。

沟通最重要的前提是理解自己，然后再理解对方。

那怎么理解呢？

我们需要一个认知坐标，这个认知坐标有一个很好用的工具，就是 DISC。

3

DISC 是一个性格评测工具。

通过 DISC 理论，利用软件得出自己的性格评测报告。

我们每个人身上都同时具备 DISC 4 种类型性格，只是不同特征有强弱之分，有主特性和辅助特性而已。

有了 DISC 这样的“认知坐标”，我们就能很容易地理解自己，同时理解别人。

DISC 理论认为我们的行为性格是可以变化的，也就是说，当我们理解了自己的 DISC 性格之后，我们可以为了适应工作或者生活环境，有针对性地去调整自己。

怎么调整，朝什么方向调整？

可以完全按照 DISC 这个“认知坐标”系来努力。

4

如果我问你，你所在的团队怎么样？

或者我们将家庭也当作一个团队，你怎么评价这个团队呢？

我第一次可以利用一个框架，系统地解决困扰我很久的团队建设问题。

我们做不好、做不到，往往是我们不知道怎么做而已。

5

很多人说我喜欢钱，那怎么理解我的这种拼命挣钱的行为呢？我在追求什么呢？

很简单，我们现在用一个“认知坐标”——马斯洛需求金字塔就可以。

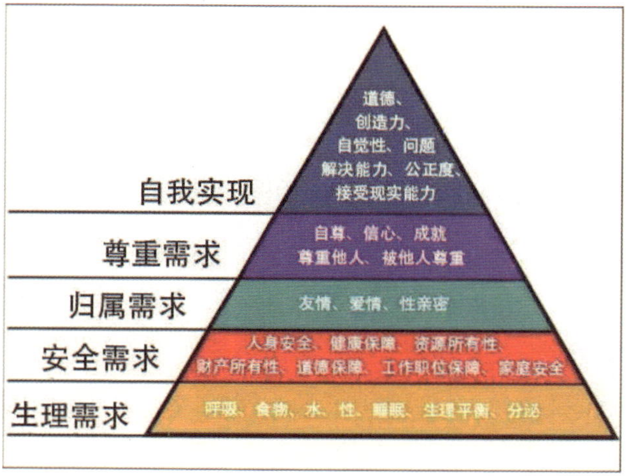

你会发现，想要找到归属感和被别人重视，你必须先满足自己的生理需求和安全需求。

物质需求没有得到满足的前提下，被人看得起不就是一句空话吗？

要想怎么活下来，然后才是怎么活得精彩。

今天 Frank 从深圳飞到上海来探班，他说了一句很经典的话：如果我们一年能赚 100 万元，别人对我们就不是羡慕嫉妒恨，而是崇拜和仰慕了。

6

我一直在给我的微课做改进，但是怎么改呢？

我不知道，或者叫没有“认知坐标”，我不知道怎么看待这件事情，直到听了秋叶老师的《如何打造一门受欢迎的网课》。

我才根据他的讲稿，整理出做课程就是要做课程体系，而用这套“认知坐标”，我发现我的课程内容部分用力过猛，拼命在更新，但是我的其他项却不尽如人意。

面对这样的框架，我会做什么？

当然是每个方向都开始努力提分，可能不会一下子提高很多，但至少每一次迭代都会得到提升。

认知坐标就像是我们探寻未知世界的工具。

FAB、SMART、六顶思考帽、结构思考力、知识管理……这些“认知坐标”正如我们文章开头的例子一样，都是为了让我们更好地理解这个世界。

SUMMARY | 小结

▼ 怎么去接触这么多的坐标呢？

· 多看书，减少信息不对称。

· 多参加培训，最先进的技术一定是在培训行业率先开始推广的。

· 多和比你强的人进行连接，“抱大腿”、抱平台都可以。

· 利用“认知坐标”能够让我们快速地理解这个世界，理解我们自己，期待你们进行深入的挖掘和发现。

从“小白”到部门经理，你应该知道的职场软技能

1

这个周末，在公司高管培训会议上，培训师让每个组都针对他提出的 4 个问题做集体讨论。

可以利用的工具是桌上的一张大白纸，以及每人一支笔。

接下来呢，这张大纸上每个人画个区域，自己按序号写答案。

我担心时间不够，而且这样讨论太费时间，于是我提议：我们画一张思维导图，中心是核心问题，四个主干是我们要解决的问题。

再细的分支暂时没法确定，那就每个人用便笺纸写下分别针对这四个问题尽可能多的观点，一张便笺一个观点。

2

等大家都把自己的便笺写完，我们小组对每张便笺进行浏览，写的人做解释说明。

然后合并重复的，这样一来针对 4 个问题，大家提出的观点就都清楚了。

为了展示效果，我重新画了一张思维导图，分支上都以关键词和图形来呈现。

最后我代表小组上台分享我们组的讨论结果。

结束后，同桌的同事说："有小六在，这样的讨论过程很舒服啊。"

软技能提示：

涉及培训，"行动学习"和"教练技术"之类就少不了；要呈现很好的效果，会思维导图和手绘可以加分很多。

我之所以能够在培训中快速响应，是因为我的手绘是跟阿翔老师学的，思维导图是跟思思 541 学的，行动学习是在拆书帮线下活动中经常会玩的项目。

3

我需要经常直接向总经理汇报工作，但他总是满世界飞，发邮件、发文件，其实很不方便他看。

于是我就把汇报内容做成 PPT，然后再拼接成长图，直接发到他的微信里，这样他在手机上浏览长图就可以了。

这样的汇报方式比传统邮件更方便，领导也更容易给我指示。

软技能提示：

如何将要讲的内容提炼归纳变成清晰的结论和建议，需要用到李忠秋老师的结构思考力；用信息图表做汇报，需要具备 PPT 和信息图表制作能力，而这些是我在网易云课堂里跟秋叶和阿文学的。

4

我现在面试新员工，都会问他一个问题：你计划在我们公司干多久？

面试者被问到这个问题时会觉得不好回答，怎么第一天来面试就问我什么时候离职。

所以我的第二个问题就出来了：未来一段时间，你希望在公司达到什么层次，实现什么目标？

应届毕业生来我部门的时候，我会跟他做一个 1～3 年的约定：在此期间，我希望你能达到什么水平，具备什么能力。三年后，如果你具备了这些水平和能力，我可以给你争取什么机会；如果我做不到，我可以推荐你去其他地方，但你那时候也应具备了自主选择的能力。

5

这种约定会给他设定一个目标，让他知道为了实现那个目标，他需要付出什么、承受什么、锻炼什么。

这个约定对我也有一个警示，大家是合作联盟的关系，如果我不能让我的团队成员有更好的发展，我留不住人是我的责任。

这是《联盟》这本书教我的。

樊登在“罗辑思维”的一期节目里带班的时候，再次领读了这本书。

在我面对成员流失找不到原因的时候，这本书给了我很多启示。

软技能提示：

职场人士一定要扩大自己的阅读量，广泛的涉猎最大的好处是打开你的视野。视野和所在的城市、行业没有关系，视野是你如何理解这个世界，是你的世界观。

6

为什么同样一件事，别人可以做得很漂亮、很舒服、很高效？

为什么有的“大神”能力爆表，但却不为人所知？

这是因为从专业人士变成业务高手，需要你在提升自己专业水平的同时，也要注重软技能的积累。

我一直在写作、做分享、学习，就是为了这个。

因为我的专业技能已经修炼10年了，我在这个行业属于“老司机”了，这时候我需要软技能给我加分，增加我的职业厚度。

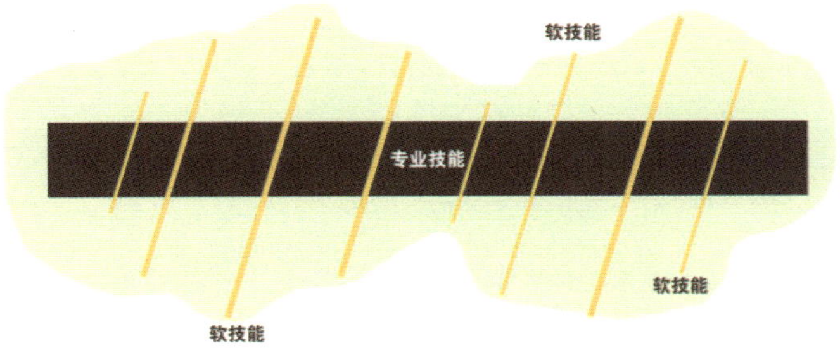

要用心仔细观察，看看别人需要什么，看看自己需要什么；然后利用下班后的时间去学习、去锻炼。业余时间看起来“不务正业”，但实际上是在给自己的职场创造更多的机会而已。

SUMMARY | 小结

▼ 软技能是一些通用技能：

比如 PPT、视觉呈现、行动学习、阅读能力、沟通能力、情商、财商……

它们不体现在你的工作绩效里，但是却能让你在职场中更容易被大家所喜欢。

让你永远只是基层员工的 7 个坏习惯

开完部门主管会议，客服部总监对公司同事的沟通问题做了一些分析。

我整理了一下，希望能给大家提供参考。

1. 这事不是我负责的

每个部门都会和其他部门甚至客户对接一些事情，当对方提出要求或者问题的时候，很多同事会站在个人的立场去对接。

“嗯？确实不是我的职责范围，也没有人说这事儿归我管，这是部门的事儿，出了问题又不是我一个人的责任。”

“不好意思，我不知道，我不负责这个，要不你试试别的方法吧。”

对方扬长而去，你的这种事不关己、高高挂起的心态，会让你很难再有机会赢回他的信任。

没人负责的时候，是最好的机会。

你负责，你承担，你就得到机会。

2. 我试过了，但是无能为力

这句话也挺管用的。

你做了一些尝试，然后说：“对不起，我搞不定，我无能为力。”

我相信听你回复这句话的人一定会在心里飙脏话。

无能为力？那要你有何用？要你们部门有何用，要你们公司有何用？

永远记住：你是在一个部门，你有团队伙伴，你有上司。

当遇到棘手的问题的时候，最好的方式是寻求组织的帮助。

你在这个岗位上遇到的事儿，又不是发明创造，前人肯定遇到过，问问其他同事和你的领导，只要是过来人，一定能给你提供新的思路。

上面的方法试过了之后还不能解决？

让你的上司和对方去协调，让对方知道为什么实现不了，然后商量是否能降低目标值，折中解决。

3. 等我处理完了，我再跟你说

你下馆子的时候，点完菜没多久还会对服务员叮嘱几句：我们的菜怎么还没来呀？快点呀。

在职场中接到活就卷起袖子干的人，永远不知道没有期望的等待是什么滋味。

特别是对方的紧急要求，尝试告诉他，我准备做了，大概什么步骤，可能要多久，如果时间长，我多久更新一下进度。

而不是拿到任务就像归隐山林一样，等到宝剑铸成才出山。

更极端的是“出山”之后告诉你的客户：抱歉，失败了。不行，我再“进山”处理一段时间……

为什么不阶段性地保持汇报呢？礼多人不怪，沟通也是，勤快一点告知对方进度，出现延期及时告知说明原因。

延期这类事情，在最开始的时候说，你会得到客户的谅解；在最后期限说，你会得到客户的怒火！

4. 不会写邮件

（1）邮件不是聊天工具！邮件不是聊天工具！邮件不是聊天工具！

试试用邮件和其他部门的同事争执吧，来回地写！然后抄送给你的领导和对方的领导，让大家知道你们是怎么用嘴巴做事情的。

（2）邮件是用来做“确定”步骤的

开会讨论之后，用邮件来确认；电话沟通的事项，用邮件做成备忘录，避免遗漏；用邮件来通知对方一些事情。

除此之外，有问题、有争执，发邮件是最低效率的沟通方式。

电话、面聊反而能更方便地解决问题。

（3）邮件要有结论，而且是第一句话

不要在邮件里面长篇大论，也不要毫无重点地写一堆。

写好标题，在邮件中表达清晰的观点。

用粗体字、背景色、段落区分来表达你清晰的观点。

（你现在明白为什么人人都需要学会写作了吧？）

5. 分辨不出重要紧急的事情

什么事重要，什么事紧急，傻傻分不清！

用一张 A4 纸，画一个田字格，重要紧急四象限建立起来，看看自己每天要做的事情到底在哪个区间。

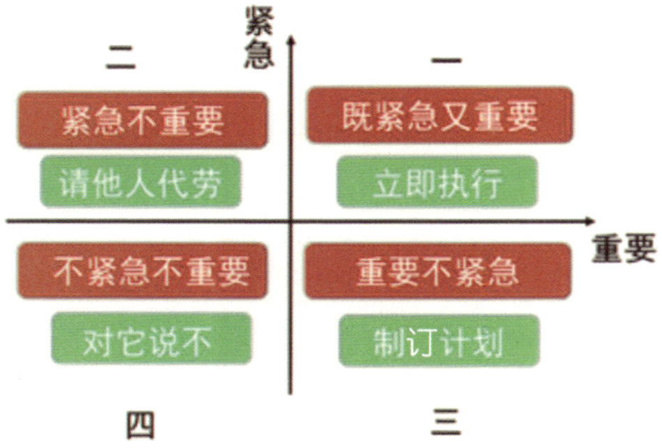

分辨重要紧急的事情

怎么判断一件事情急不急呢？接到活的时候，问问对方，什么时候要结果，就知道了。

6. 发起会议不发邮件邀请

不考虑别人的时间安排，动不动就喊别人开会的人，是不尊重别人的，也得不到别人的尊重。

更让人苦恼的是，这种会议还不限定时间。

所以你应当选择不开这样的会议：

- 没有提前发出会议邀请。
- 只有开始时间，没有截止时间。
- 会议没有议程。
- 会议没有结论。
- 没有说哪些人必须参加，哪些人可以根据自己的时间安排来参与。

7. 会议结束不写总结

如果一次会议你参加完了，没有任何结论，你的时间就被浪费了。

就像你参加一场培训、分享，你连个笔记都没有，效果是一样的。

不管你在会议中是什么角色，如果你参加了，意味着你与这次讨论有关系。

我们面对面沟通的时候，常用的一种确认语句是："你说的意思是不是这个……"

开完会之后，你也要确认一下你是不是完全理解了本次会议要传达的信息，所以写出会议结论，发给另一方确认，是保证大家开会的想法都不失真的好办法。

工作一团糟，跳槽就解决了？

1

一位朋友跟我说要离职，我很惊讶。我问他："你们公司不是在快速扩展吗？你有大把的机会升迁，为什么要离职？"

他立马激动起来，说："就是因为这个！"

原来他是负责人事后勤的工作，他管理的部门只有二十多个人；现在华东地区进行整合，他一下子要管理华东地区几个省、十几个办事处的八十多号人。

"我老板忽然把这么多人扔给我，但是却什么都不告诉我，也不教我怎么做！"他抱怨道，"我完全受不了了！"

我说："那你有跟你们老板说过你的困难吗？"

"说过的，他说他不知道，让我来处理。"

"那你怎么处理的呢？"

"我怎么知道呢？我都没有类似的经验，也没有接受过培训。那么多异地员工，考勤打卡都不知道怎么弄，公司也没有现成的制度，乱七八糟。"

"那你为什么不自己找机会培训自己呢？"

“但是我不知道跟谁学，怎么学呀？”

“那你有在朋友圈向伙伴们求助吗？”

“没有……”

“你的这些问题，肯定别的企业早就经历过。异地办公的考勤属于技术问题，流程管控SOP（Standard Operating Procedure，即标准作业程序，就是将某一事件的标准操作步骤和要求以统一的格式描述出来，用来指导和规范日常的工作）属于流程问题，你带着这些问题找老板或者等公司解决，就像领着一群‘猴子’进领导办公室一样，你觉得老板会喜欢吗？你觉得老板会帮你看着你的‘猴子’吗？”

“可是我也不知道怎么办啊！”

“你不知道怎么办，你有没有主动寻找过答案呢？”

“你试试把你刚才所有的抱怨都用‘如何’做开头重新说一遍。比如如何实现异地打卡考勤，如何将现在部门管理的流程标准化……乱世出英雄，如果什么都规规矩矩了，还要你干吗？你能提升的空间又在哪里呢？现在公司在快速扩张，大量新的流程和制度需要人来建立，你看到了这么多问题，为什么不趁这个机会试一试呢？很多人工作多年都没有这样的机会，何况领导完全放权让你去做，你可以利用这样的环境好好实践一把啊！”

2

我并不是劝说朋友继续留下来不要跳槽，我是想提醒他，如果在老东家没有解决问题的能力，到了新单位一样会遇到类似的问题。到时候怎么办？接着跳？

所以，如果你也在现在的岗位上焦头烂额，我觉得你可以考虑离职，但是最好给自己3个月的期限，反正你要走，不如放手试试下面的方法：

（1）罗列问题

你说你现在面对一堆问题，一堆是多少？ 10个？ 20个？

不要听信你的爬行动物的大脑来驱动你做事和思考，拿出纸笔，一个问题一个便笺，你试试看能写出多少个。

清空你的大脑，将问题全部可视化

（2）分类，厘清责任边界

分类是管理学的基础。工作上的事，再多再乱也离不开下面几个分类：

人：人员。

机：机器，设备。

料：物资，原料，素材，条件。

法：规矩，流程，方法。

环：公司环境，市场环境，政策环境。

测：检查上面这些要素。

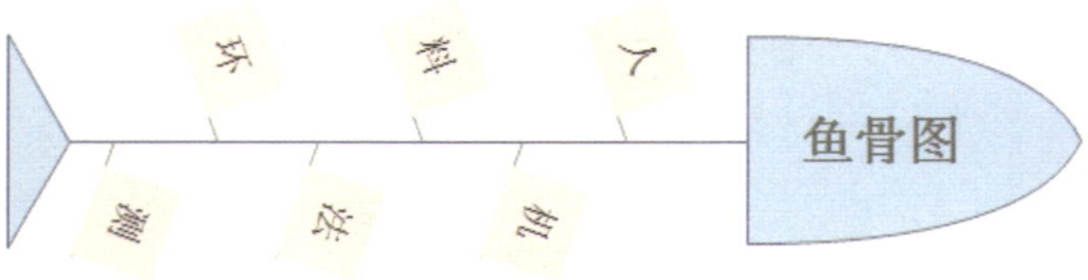

厘清问题的分类用鱼骨图

画一张鱼骨图，6 根骨刺代表问题的 6 个要素。

把问题全部分类，看看你现在一团糟到底是哪些方面问题特别多。

（3）先问“为什么”，再以“如何”开头，找解决方案

在分类中找到核心的问题。

办法总比问题多，以“如何”开头将自己的问题全部审视一遍。

比如你的问题是：我的工作效率不高。

你要问自己：

- 为什么我的工作效率不高？因为我的工作经常被打断。

· 为什么经常被打断？因为系统经常出问题。

· 为什么系统经常出问题，最主要的原因是什么？因为很多缺陷都没有修复。

· 为什么这么多缺陷没有修复？因为没有对缺陷进行统计，时不时冒出来，也没有人管。

日本企业经常使用 5 个“why”，你不用那么麻烦，一个困难你追问三次为什么，问题的核心基本上就浮现出来了。

找到了问题的根源，那你用“如何”开头，比如刚才那个“我的工作效率不高”，就会变成“如何建立缺陷管理的流程和处理机制”。

这时候清晰了吗？

剩下的，就是找问题的解决方案了。

（4）带着“猴子”们找老板，提出自己的两套方案，让老板提意见。

接下来就是带着你的问题和解决方案去找老板。

公司花钱是请你解决问题的，不是让你给老板抛问题的。如果把问题当成“猴子”，当你领着“猴子”进他的办公室的时候，你要告诉老板，你看现在我手上有这么多“猴子”。

让自己的岗位和工作透明化，让老板知道你现在在处理什么样的事情。

然后再告诉他，你现在有两套方案，一是什么，二是什么，你的建议是什么，为什么这样建议。

然后让老板来拍板。方案你出，决策他来定，你来执行。

这样大家不就能愉快地玩耍了吗？！

我们很多人只知道抛问题，你把问题丢给上司，就是把你身上的“猴子”甩给他，他不恨你才怪！

（5）开始干，记得汇报进度

定位了问题，老板拍板了方案，接下来就是干啊！

干的时候也别埋头猛干，周期性地汇报一下进度，遇到新问题重新用前面几个步骤。

3

等你把手上乱七八糟的事儿干完，再想一下要不要离职。

你会发现，之所以现在的工作一团糟，80% 都是你自己的问题，而且是你可以解决的问题。

所以，别用跳槽来掩盖你的职场低能了。

你要把问题看作是一个提升自己解决问题能力的机会。

先罗列，然后分类、厘清，找到问题的本质，再寻找解决方案。什么是职场？职场就是你训练自己解决问题的训练场。

是继续打怪升级，还是玩不过就换一款游戏，完全看你是什么样的人生态度了。

工作10年，我总结了这3条升职加薪的经验

如何让自己成为一名优秀的领导者？

下面3条告诉我们，如何通过用增强外在表现力的方法来让我们获得更多的机会。

1. 重新定义你的工作

隔壁技术部门有一哥们儿被提拔为部门负责人，天天带着兄弟们写代码，结果因为质量问题，导致客户投诉。

他找我诉苦，说自己天天加班，忙得跟狗一样，结果费力不讨好。

我说你作为领导，冲在一线就是你的失职。

在你的岗位职责里面，你要考虑的是任务分配、期限控制、质量监督，唯独没有“和他们一样冲在一线”这一条。

你忙成狗，兄弟们谁来指方向？福利谁来争取？

要想成为一个领导者，需要学会把时间投资到有意义的事情上来。

要改变你日常的工作范围，从各种技术操作需求转变为提出更多策略性的指导。

李笑来老师说加入他的社群必须先看《领导梯队》，他没有解释什么原因。

但我认为不同阶段要做不同的事情，是每一个职场人士都需要搞明白的。

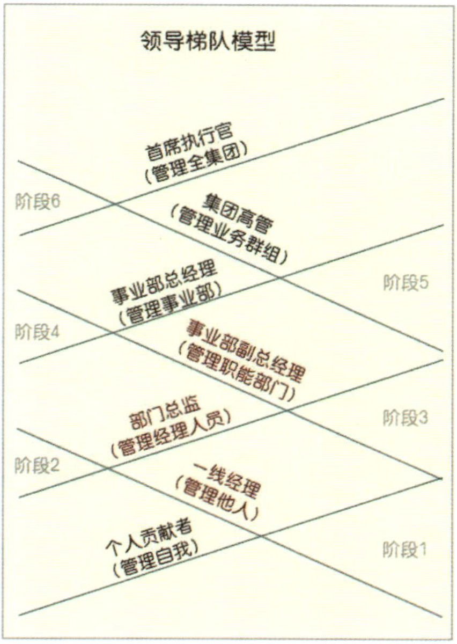

2. 重新建立自己的人际关系

我们原来衡量一个人的职场价值，主要看三个指标：行业、公司和职位。

比如你在互联网行业，你在 BAT（百度、阿里巴巴、腾讯），你是产品经理，那基本上你的身价就出来了。

但是今天的职场早就不是这三个指标了。古典老师说，现在 3 个新的指标是：圈子、能力和特色。

工作 3 年，如果你还需要靠投简历找工作，说明你该好好反省一下自己的人脉圈了。

通常多次跳槽都是朋友之间推荐的，大家彼此做背书，只要价钱合适，做的事情靠谱就行。

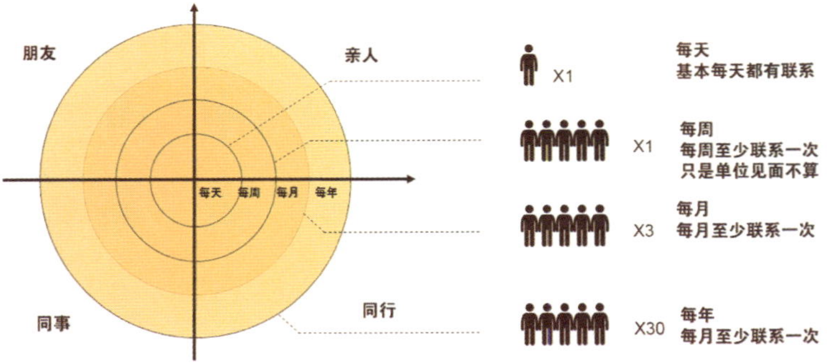

那怎么扩展自己的人脉圈呢？

（1）内部人脉

要想在职场中取得精进，你可以转换新的角色或者参与新活动，从而接触到不同的人，这些人和你有不一样的世界观。

公司像一个大剧院，分为底层舞台和高层楼座。

如果你想要成为一个领导者，你需要把目光放到大局上，把时间更多地用在处理“高层楼座”里发生的事情上。

（2）外部人脉

你也应该学会扩建自己的外部人际关系网络。

在我们刚接触一件新的任务的时候，我们需要有经验的人的建议和指导，以及周围其他人的反馈来帮助我们成长。

所以你不仅需要学会参加新的活动或者改变想法，你还需要学会用一种全新的方式去学习，即学会更多的自我引导，或者向同级的人学习，又或者是在公司外部学习。简而言之，你要积极地去建立一个新的人际关系网络，并且与上级建立更加密切的关系。

3. 重新改变做事情的方法

重新审视自己，因为只有当你受到新环境的挑战或接受外界新的刺激的时候，你才会产生如此多新的想法。

相比参加新活动与扩建人际关系网络，在转变时期更重要的一件事就是重新定义自己的身份。

你必须改变对自己的看法，改变别人对你的看法，以及改变那些促使我们行动的共同价值观和个人目标。

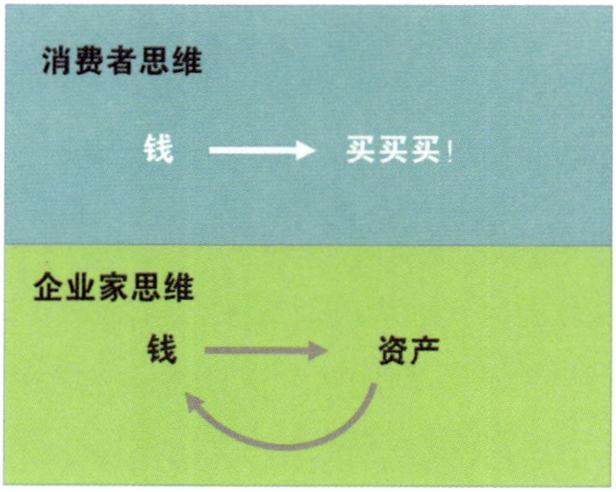

实现“由外而内”的转变并不是一次就能成功的，而是一个不断检验旧的假设、提出新的可能性的过程。

比如要从项目经理的“人机料法环测”思维升级成为产品经理思维，从给多少钱做多少事的打工思维到我为自己的未来做积累的创业者思维，从数着钱来花的穷人思维到如何开源节流、用钱生钱的富人思维。

这些思维模式的转变需要你读大量的书籍，听大量“大神”做的分享。

你理解这个世界越多，你越容易改变自己的固定思维模式。

给你一个团队，这 5 条经验教你轻松当领导

这篇文章是根据我在上海的职业咨询过程整理出来的。

适合的对象是：正在带团队或者想学习如何带团队的小伙伴。

这 5 条经验归纳来说就是：

1. 事情，说清楚。

2. 闭嘴，让部属去做。

3. 进度，可视化。

4. 责任，自己来担。

5. 奖励，谁做的归谁。

1. 事情说清楚

把事情说清楚是把事情漂亮完成的最重要的前提。

关注三个要素就行：什么事，谁负责，期限是哪天。

（1）什么事

怎样才算把事情说清楚呢？

那先得搞清楚是哪些事。

一个任务就是解决一个问题，这个问题是什么呢？

很多书籍都会教我们从“为什么”开始，也就是搞清楚为什

么要做这件事。我们还可以用，“人机料法环”。

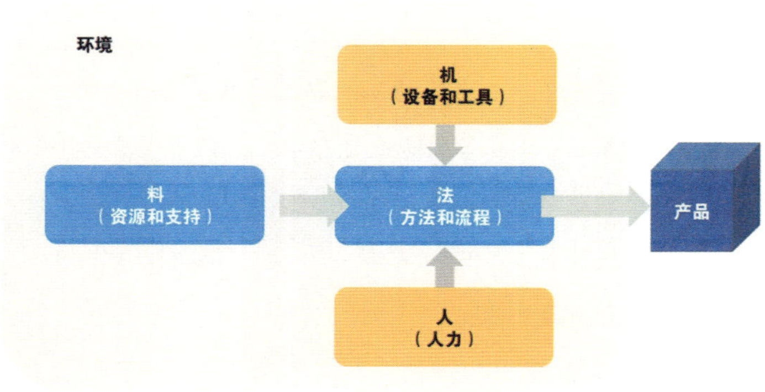

把问题搞清楚的“人机料法环”

人：人的问题，能力不够还是培训不到位？

机：机器的问题，工具全不全？

料：资源的问题，支持够不够？

法：流程不健全还是方法上的问题？

环：环境的问题，是不是市场趋势的问题？

“人机料法环”是产品制造过程中经常用来找问题、分析问题的工具。

你和你的团队是为组织提供服务的，你的服务就是你的产品。

所以用“人机料法环”来分析问题，聚焦要解决的问题。

这是开始干活前的第一步。

（2）谁负责

确定这件事谁负责，就像给一支部队一个指挥官一样。

一定是具体的人，而不是一个组织或者一群人。

比如你说，请大家加把劲，我们争取月底完成项目！这和你向一群人求救是一个效果，没有用！

所以，“这件事情由 A 来总负责，B 和 C 你们两个配合”，比“A、B、C 你们三个来负责这件事情”责任更明确，执行力更好。

（3）有没有时间期限

回想一下我们是如何和领导交谈的：

“小六，你看一下这个方案的可行性。”老板说。

“好的，你想什么时候要？”

“尽快……”

你回来后就蒙了，尽快是多久？！

这里不能怪老板，是你的提问错了。如果我们把开放的问题变成封闭的问题，就会好很多。

“小六，你看一下这个方案的可行性。”老板说。

“好的，今天周二，这个方案这周五我给你第一稿，来得及吗？”

“好。”

同样的，如果你分配任务给别人，请学会设定期限。

“小七，这个方案这周五下班前能提交给我吗？”你可以这样提出期限要求。

“来不及，我手上还有别的方案，要这周完成，下周三吧？”

“可以。”

你看，封闭式提问在任务分配的时候更有效果。

2. 让部属去做

我是程序员出身，所以刚开始做主管的时候，特别喜欢和兄弟们一起写程序、加班。

后来我发现当我厮杀在第一线的时候，我对如何管理部门、如何制订部门计划、如何关注成员绩效和成长都没有太多的想法。

就像一支乐队，拿指挥棒的人如果站在乐队里面，整个乐队就会乱套。

所以站在高一阶的台子上，面对他们，视野就会和他们完全不一样。作为领导，你要增强自己的全局意识。

你要关注的是：谁擅长做什么，适合做什么。

资源永远是不充足的，要让部门的战斗力集中在重要的事情上。

让部属去做，不要插手具体的实施细节。设想一下，如果你也和他并肩作战，那其他人是听他的还是听你的？“用人不疑，疑人不用。”古人一语道破。

当然并不是把任务交给下属就可以完全当“甩手掌柜”。例如，你的部属接到你的任务每次都完不成，或者向你抛一堆问题。

面对这样的员工，你就要注意了，别让他的问题变成你的问题。就像他带着“猴子”来找你，让“猴子”爬到了你的肩上之后，他就走了。

方法很简单，强迫他自己用“如何……”开头去思考问题。

“六哥，这个产品国内找不到。”他领着“猴子”进来了。

“那你的问题就是：‘如何在国内找不到同类产品的情况下，实现 ××× 效果？’”我会把他带进来的“猴子”甩回去。

推荐书籍：《别让猴子跳回背上》。

3. 让进度可视化

任务分配出去了，比如一个月要做完的项目，我难道要等最后那一天才知道进度吗？

如果有很多任务都委托其他同事去做了，那我如何知道他们的进度呢？

毕竟，我也要向上级汇报进度。

所以，我需要有一个工具，能够看到所有任务的状态、进度，这个工具就是任务看板。

最简单通用的任务状态其实可以分成这么几个阶段：

（1）收集

（2）计划

（3）进行

（4）完成

如果是刚开始使用看板，只使用简单的便利贴的方式进行就可以了。

比如：

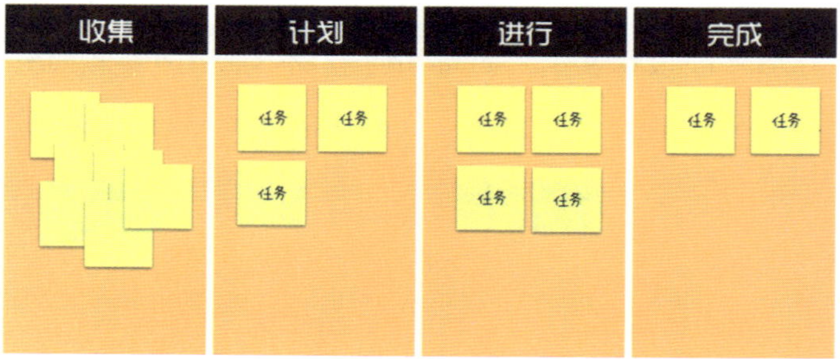

任务看板

当然进阶的工具方法有：

使用协同办公软件来进行任务的协同控制（Tower/Worktile）

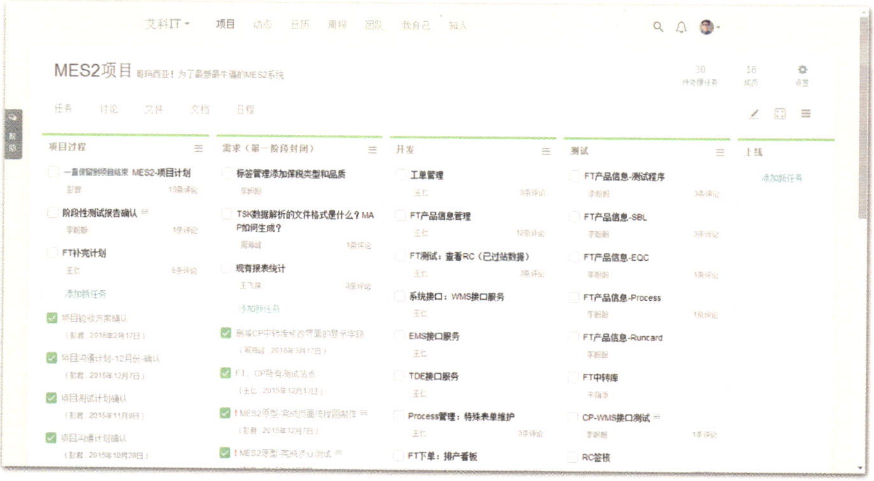

让所有的任务都可视化的目的，是让所有人都知道自己做的事情的进度。

阶段性地回顾和检查进度，都可以利用可视化的看板，方便大家讨论。

4. 责任自己来担

《大话西游》里的经典唱段还记得吗？

“Only you，能伴我取西经，only you，能杀妖和除魔……背黑锅我来，送死你去……”是啊，“打打杀杀”兄弟们上，做领导的主要就是要扛责任啊。

项目失败、任务延期，责任怪谁，当然是领导！领导是整个团队的主要负责人。

而如果工作出了问题，请审视一下领导的管理职责：

- 是否选对了人？
- 任务是否讲清楚了？
- 对员工进行过辅导吗？
- 有激励员工吗？
- 有做事前、事中和事后的控制吗？
- 资源配置合理吗？
- 其他部门合作吗？
- 外部环境有变化吗？

5. 谁做的功劳归谁

事情做完了，要替员工们请功，这是领导的责任。

这里当然不是说让你“拉山头”，为部门利益损害公司利益，而是站在公司的角度，去考虑这件事情给公司带来的收益。

比如我们部门专门有一个“臭鼬计划”，里面都是一些不在正常部门计划内，但同时又能给企业带来收益的小项目。

臭鼬计划

谁利用业余时间完成了这些项目，就应该向公司说明这个项目对公司产生的收益，并申请奖励。

公司领导的心也都是肉长的，你能说清楚成本和收益，公司自然会给予奖励。

我们很多人都抱怨公司的福利不好，没有奖金，没有激励政策。你不如想想看，你做的事情给公司带来收益了吗？

SUMMARY | 小结

▼ 我们今天聊了初为主管应该要注意的几件事：

1. 事情，说清楚。
2. 闭嘴，让部属去做。
3. 进度，可视化。
4. 责任，自己来担。
5. 奖励，谁做的归谁。

▼ 如果你已经是领导，这些都是你的责任。

▼ 如果你在为成为领导做准备，这些都是你需要学习的。

如何专业地向你的领导做汇报？

我要向我的领导汇报现在手上一些项目的近期进度。

于是，我对自己的汇报过程进行了一次复盘，写下这篇文章，看看这里面是否能有值得你参考的地方。

第一步：可视化梳理

先用便利贴在白板上把要汇报的项目进行了一轮梳理和分类。

便利贴比在 Excel 表列清单的第一个优势在于，你可以随便移动便利贴，进行归类和排列。

第二个优势就是，白板加便利贴的方式，便于你和同事一起交流，沟通进度和项目问题。

每个人都可以在你的便利贴上更新自己的状态，或者做说明。

因为大家都是站在白板面前，所以大家都不会犯困，很快就能得出结论，而不会扯东扯西，言之无物。

相关的灵感和步骤可以参考《视觉化你的会议》这个系列的书籍，你会发现原来团队开会、讨论，可以这么高效和有趣。

第二步：SMART 化任务

这件事情是什么？

符合 SMART 的原则吗？

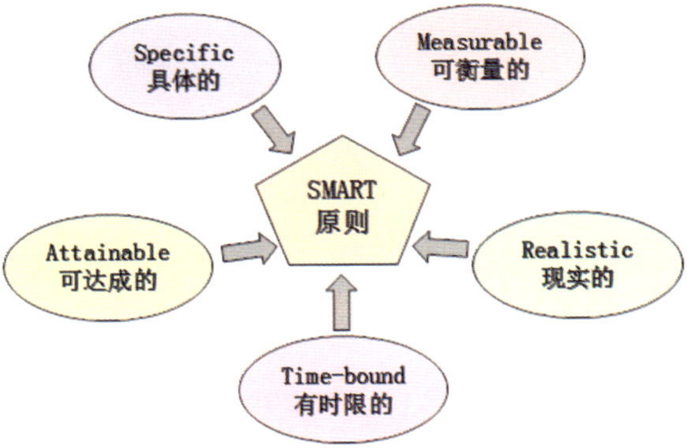

SMART 原则

（1）目标

对于一个任务，如果你说不清楚到底要做哪些事情（范围），不做哪些事情（边界），那么它很可能会失败。

（2）人

一件事情由一群人来负责的结果就是谁也不会负责。

（3）期限

领导跟你交代一件事情的时候，如果告诉你什么时候完成，你应该感到幸运。

我们很多时候接到的是领导口头交代的任务，这样就会遇到很大的麻烦，你不知道这件事情到底是不是紧急、重不重要，你也不知道什么时候做进度汇报比较好。

我遇到这种情况，一般都会设定一周的响应期限，也就是说，已经接下来的任务，要么一周之内做完，要么一周期限截止就进行进度反馈。

这样你做的和领导想要的就能基本保持同一频率，不会偏差太远。

第三步：站在对方的角度准备汇报

那怎么做汇报呢？

汇报的目的是为了让你的领导获取信息。

那如何让领导高效轻松地获取你想要传达的信息呢？

（1）站在对方的角度筛选

站在你自己的角度，作为一个项目执行者，你当然知道项目的所有分支细节。

那领导需要知道所有的细节吗？

《演说之禅》和《全新思维》里都提到的“移情”，就是让我们站在对方的角度去考虑如何表达才是最有效的。

所以如果你是领导，你希望看到什么？

（2）可视化

有句话说，做 Word 不如做 Excel，做 Excel 不如做 PPT。

当然并不是说 Word 和 Excel 不好，而是 PPT 更适合在会议上进行讲解演示。

我之前试过网页版的协同工具，比如 Tower，让老板随时可以知道我和团队的项目进度，后来发现其实他很少登录。

是啊，作为一个领导，他怎么可能像项目成员一样，每天登录系统看项目进度和任务细节？！

后来我改变策略，每周定期给他做汇报；如果他出差，我就把 PPT 拼接成长图，方便发微信给他。

可视化的目的只有一个，让他一目了然，快速看到自己感兴趣的点。万一我漏掉了，记录下来，下次汇报不断聚焦修正。

第四步：第一句话先说重点

你会说，我怎么知道我的领导想看什么呢？

这其实就像谈恋爱，是一个慢慢摸索的过程。

他是视觉型人格，还是听觉型人格？

他喜欢用数据说话，还是喜欢举例子？

这些都是在日常的接触过程中你要去了解的。

但是不管什么样的性格，你做汇报的时候，有一个基本原则必须遵守，那就是结构思考力。

举个例子，比如我要汇报下面这些内容，我可以这么说：

老板，上海那边的工厂弱电项目我们已经完成了布线，设备采购已经在进行了。

上海独立研发中心的弱电项目已经结束，设备采购还在进行，还没到货。

你上周要我咨询的广告机项目已经询价了，厂家那边要 50 台起订，我们没有这么大的量，所以找了第三方。

你周五让我去了解的“可穿戴监控系统”还没启动；移动 OA 这块现在还在进行内部功能测试，目前有三家，钉钉、企业微信和口袋助手。

IP 电话项目已经采购，询价结束了，后面进入采购审批流程。

上海分公司的 ERP 部署已经启动了，5 月中旬会结束。

ERP 的短信提醒二次开发，我们已经进入内部测试阶段了，估计下个星期可以进行小范围的部门测试。

……

如果我就这样干巴巴地讲，你听进去了多少？你记住了多少？

那如果将 PPT 做成这样呢？

将要讲的事情分成 3 类：弱电一类，企业信息一类，ERP 一类。然后分别对这 3 类进行汇报。

这样一来领导是不是看得明白，你也能说得明白了？

其他进行中项目

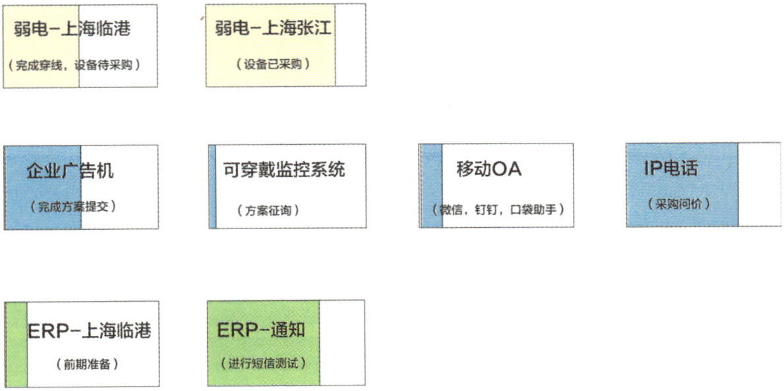

IT–部门周报–W15

SUMMARY｜小结

▼ 我们其实并不只是在谈如何向领导汇报，我们是在谈人与人之间的高效沟通。

· 学会整理自己要表达的信息。
· 站在对方的角度去筛选。
· 不给对方添麻烦，增加信息获取的便利性。
· 学会表达，先说重点，再结构化呈现。

准备好了，就不怕了

1. 演讲

演讲设计师戚泽明说过，任何一场演讲他都是有准备的。

哪怕是即兴演讲，他也会在从座位上起身到走到讲台的这个过程中脑子里过一遍自己接下来要说的话。

他还在分享现场放了一段许知远在“YIXI 一席”的演讲视频：许知远临时上台，毫无准备。

这个在《单读》里讲得行云流水的“男神”，一脸尴尬，最后不得不放弃，说：“以后要是嘉宾没有任何准备就上台的，你就不要听了。”

罗永浩和雷军特别推崇的乔布斯在每次发布会前，都会包下整个会场一周的时间，然后带着自己的团队反复演练每一页 PPT、每一句话。

苹果发布会每一次堪称经典的演讲背后，都是反复的练习，刻意的准备。

《演说之禅》的作者雷纳德说过，一份 PPT 需要花费大量的时间在构思和准备过程中，而真正上台的时间，其实很短。

准备多了，就不怕了。

2. 跳槽

工作 10 年，我跳槽了 4 次，在现在这家公司做了 3 年多。

跳槽的原因很多，但马云总结说无非就是两个：钱不多，干得不开心。

但这些年我更多的是关注自己的原因：

钱不多，是不是能力不够？不开心，是不是自己的价值观和公司冲突？还是觉得自己在穷忙？

如果往细了想，最后发现是自己道行不够，沟通能力、抗压能力不强……总之还是自身的原因。

如果你的生存能力足够强大，生存需求就会得到满足，才有机会追求认可，追求成就感，才有资格努力向前。

刚工作的头三年，我的工资是 1500 元，3 年没有变过。

那时候我对跳槽还很恐惧，害怕没人要，害怕自己不行。说白了，对自己的能力不自信。

“我有这个能力，但是我不会随便离职”和“就算去吃土，我也不想干了”是两种境地。

我准备了 10 年才拥有这份自信，而为了保持这份自信，我上班工作，下班晚睡早起，周末“出台”。

准备好了，就不怕了。

犹豫，是因为你不够强大。

3. 买房

很多懂理财的人说，房贷支出最好占工资收入的 25% 以下，这样才不会影响自己的生活。

而我 5 年前买房子，工资到手 6000 元，房贷 3500 元，房租 1000 元，水电网费、伙食费加上生活支出，一个月只剩几百块钱。

后来我没扛住压力，卖掉了。

当时，是我爸找人借的钱拿给我付首付。

我还给他的时候，说：“你们是好心给我一个安家的机会，但是我还不具备这样的能力。”

如果你没有准备好，负债过重会死死把你按在地上，动弹不得。

很多年过去了，现在首付自己有，公积金月供就足够，就算自己不住，以租养贷都行。

这时候如果购房的收益大于其他投资，买房子就可行。

当你准备好了，利弊就能看清楚了。

SUMMARY | 小结

▼ 很多人问我为什么这么拼，其实很简单，我在为自己接下来的几年做储备。

▼ 既然有自己想做和喜好做的事情，如果没有足够的能力支撑和财力支撑，难道拼意志力和信念就够了吗？扯！

▼ 要想得到多少，就要付出多少。

▼ 早做准备，早一点出发，就有了自信，就不怕了。

PART 3

学习方法：
学习能力决定你未来的路有多远

我们需要通过学习来让自己不断变强大，
才不辜负这个时代给我们的自由生长的机会。

如果生活给了你一副烂牌，你会掀翻桌子吗？

1

我刚从北京撤回沪宁线上的三线小城的时候，无数次想着重新回去。

这里除了天气比北京好，工作比北京轻松，我实在找不到还有什么比北京更好的了。

在北京，晚上 11 点下班，还要特别不好意思地跟大伙打招呼：“不好意思，我先走了。”

每天唯一的休闲活动，就是晚饭后去研发大楼附近的地坛坐一会儿。

白天的喧嚣过后，晚上的地坛特别宁静，我每次坐在那儿，就会想到史铁生先生，然后就学着也思考一下人生。每次思考的就是这个月工资拿到手就不干了，撤！撤！撤！

于是，当原来的老领导一个电话打过来，我没有丝毫犹豫就撤了。

什么？工资少？没关系！

什么？在镇江？没关系！

什么？要自己组建团队？没关系！

于是我兴高采烈地掀桌子走人，生活给了我一副烂牌，那我就掀桌子重新来。

管它呢，换牌了就行。

结果没过试用期，我就蒙了。

团队从零开始，业务部门完全不理会什么研发的流程和规范，每天就是：

- 给我改这个，我跟你简单说一下……
- 我要那个，和这个软件差不多就行……
- 你先做出来，我用用看再说……
- 明天就给我吧，客户要……

果然到哪儿都是坑啊！

你看，又是一副烂牌！

2

一位在读研一的姑娘买了我的时间让我给她做咨询。

她纠结的是，她原本是一个社交能力超强的人，硬是在家人和老师的劝说下读了研究生，她到底该不该继续（我想读还读不了呢）。

她说她想去参加社会招聘，又发现一个未毕业的研究生学历还不如应届毕业的本科生。她想继续读研，做化学课题研究，但是发现自己根本不喜欢。她说身边所有的朋友都在劝她继续读研，拿到学历。

本着发掘咨询对象内心深处想法的原则，我没有提意见，只是帮助她慢慢梳理自己内心的想法，理顺了，她最后也就想清楚了。

最后她说："六哥，我觉得你应该是唯一一个不会让我坚持读研的人，其实今天你要是说让我不读了，我明天就退学。"

我听完汗流浃背，又一个随时准备掀桌子的人啊！

3

那我为什么没有离开三线小城重新回到北京呢？

因为我知道即使回去，自己的能力和状态没有变，拿到的可能还是一副烂牌。如果你跳过几次槽，那你会懂我在说什么。

所以当务之急，不是掀桌子重新开始，而是学会如何打牌并等待重新开局的机会。

比如我完全可以在镇江一边朝九晚五地上班，一边学习如何提升自己的核心竞争力。

项目管理、软件工程、领导力、沟通能力……这些从程序员到部门主管应该掌握的技能，我都开始学习（虽然那时候，公司IT部门还没有正式成立）。

然后我又发现在三线城市和在一线城市的视野还是有相当大的差距。

为了缩小这种差距，我开始了周末两小时的生活圈，乘坐高铁在沪宁线的城市来回奔走。

- 社团活动
- 读书会
- 培训
- 周末创业

能尝试的我都尝试过了，甚至有的项目找领导询问是否可以算作公司培训，公司说没有经费，那怎么办？自己掏钱上呗！反正学了是自己的。

这期间我花费了大量的时间和金钱，让我变得很充实和自信，安逸地生活在三线城市，但是信息和知识却与一线城市保持同频率，这真是这个时代最美好的机会和环境呀。

所以，你看我现在还待在镇江这个小城市，但是除了日常的工作，其他时间我都可以带着我的业务到处走。

这也许也是另一种“自由”吧。

4

那位纠结要不要继续读研的女生，最后自己整理出了答案：继续读！

但是她在读书期间，开始尝试做自己的事情。比如自己喜欢销售，那就去学习销售的知识体系，尽可能地参加销售类的活动和兼职，积累自己的经验。

反正读研的压力也不大，正好有大量的时间可以提前做准备。

这样一毕业，她既有硕士学历，又有了很多销售类的经验，竞争实力比应届毕业生高出很多，自然不愁找不到工作。

所以你看，到手一副烂牌是每个人都会遇到的事情。

掀桌子走人，重新开一局当然是最洒脱的方式。

当你的才华撑不起你的梦想的时候，是不是可以换一种方式？

比如，先磨炼本事，再寻找机会去改变。

我在镇江 3 年了，公司现在上市了，我也走“狗屎运”，成了集团的信息化部门经理。

你看，即使一开始是烂牌，也是有机会翻盘的，不是吗？

花钱去学习前，你需要问自己的 3 个问题

现在越来越多的内容都需要我们付费了。

很多小伙伴看着价格不贵，又是“大咖坐台”，就果断购买了。

我的知识管理系列课也是这样，虽然每期都爆满，但是能坚持到最后的并不多。

199 元、299 元，这种价格还好，顶多算试错了，可是价值几千块甚至几万块钱的课呢？

毕竟学习也算一项投资，我们的钱也都是辛苦赚来的。

所以我们要不要在投资之前，多问自己几个问题呢？

1. 这个知识对我有什么用？

（1）跟我有什么关系

学习的目的是改变自己现有的认知和技能。

那你要报名学习的内容或者要花钱进入的社群到底对你有什么用？

有趣？好玩？其他朋友在里面？

这些都不是你要参加培训的理由。

（2）能让我用多久

就算确定了有用，还是不能成为你花钱参加培训的理由。

因为知识有一个半衰期，你还要问自己：这个技能我能用多久？

半衰期是物理学的概念，意指放射性元素的原子核有半数发生衰变所需的时间。

有的放射性元素的半衰期很长，可以是几千年；有的很短，只有几微秒，甚至一诞生就消失。

那你准备学的这个技能是长半衰期还是短半衰期呢？

2. 我有过这个领域的基础吗？

我在参加培训前，先去买了这个课程的书本。

然后从中发现，这本书里面是基于心理学、80/20 法则、大脑神经科学、NLP、潜意识、冥想等等，以这些知识为基础的。

如果没有这些基础，学习的时候可能光理论知识就不太容易理解。

这个很好找。

如果能找到书，就能找到参考书籍和书中提到的书籍与作者。

如果没有书，上百度找内容。

搜索技能是基础技能，如果不会，可以去百度搜索技巧。

3. 我如何挣回学费？

如何判断一项技能该不该去学呢？

如果纯粹是爱好，你会很难坚持。

秋叶老师说过：因为不了解，所以深爱；因为了解，所以分开。学习也是这样。

什么东西值得学，除了刚才说的半衰期长，更重要的一点是，别人愿意为这个知识付钱。

我是如何挣回学费的呢？大概有这么两种方式：

（1）准备用起来

比如我学手绘的时候，因为需要长时间的练习，还不能做分享，我就把手绘学到的技能用到了PPT设计、写文章、画插画这方面。

这种“曲线救国”的方式，让你把这个领域花的钱在另一个领域挣回来。

（2）准备教会别人

要确定自己学会与否，最好的巩固方式就是教会别人。

你可以在网上做一次分享，或者约上你的朋友圈的小伙伴，来一次小范围的分享。

我之前上过的每一次微课，课后都会尝试在小圈子里做分享，然后在这个过程中不断打磨，从微课变成系列课程。

SUMMARY | 小结

▼ 一次培训也好，一场分享也好，甚至是一本书，你为了接收它们传达给你的信息，花费的不仅仅是钱，还有你的时间。所以在学习前，可以问自己 3 个问题：

· 这个知识对我有什么用？
· 我有过这个领域的基础吗？
· 我如何挣回学费？

▼ 问完这 3 个问题，我相信你会以一种更积极主动的方式去面对学习这件事情。

身边的人都很悠闲，我为什么还要努力？

1

在“如何构建自己知识体系”的分享活动上，有位小伙伴问了一个很有意思的问题：我所在的单位朝九晚五，大家都不怎么学习，我该怎么办？

他意识到了身边的环境给自己造成的困扰，他不知道如何在那种环境下进行学习。我相信这也是很多二三线小城市的小伙伴面对的困惑。

我们所在的公司没有一线城市那么大的工作强度，职场能力上的竞争也不明显，就像一个温水锅，并没有让我们跳起来的外界刺激。

那么，如果所处的组织环境没有学习氛围，我们该如何学习？

2

《在组织中高效学习》这本书中提到了下面这个学习转化模型，我们就借助它来做一场解答。

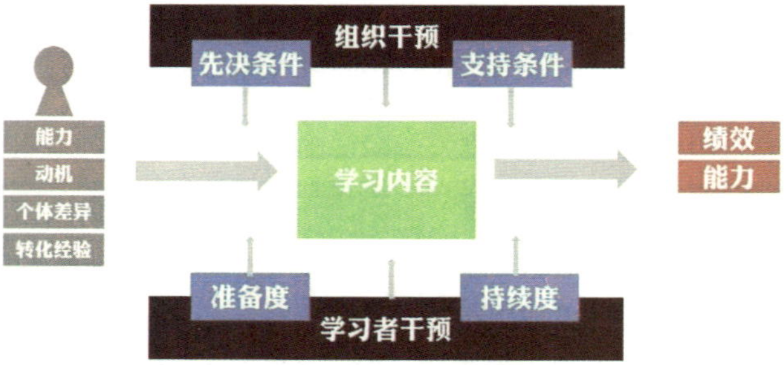

在组织中学习转化的系统框架

3

我们先来看看学习者自身的基础要素。

如果把一个人的知识体系比喻成大厦，那你自身的基础要素就是地基。

认知基准有哪几个要素呢？

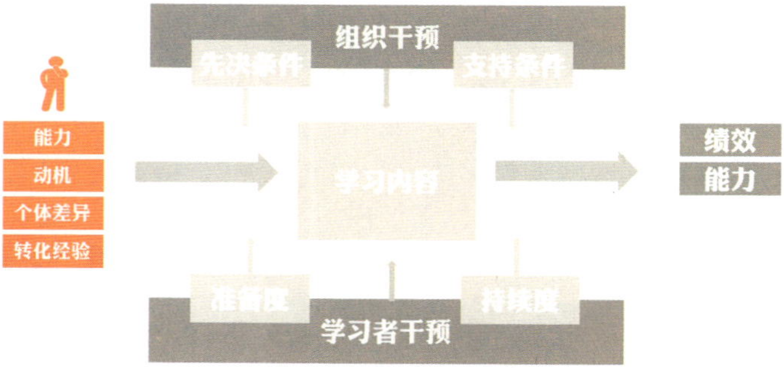

个人基础因素

① 个人能力

也就是你现在的能力水平。

我们举个例子，参加微博上秋叶老师的“群殴一页PPT”活动，题材给我后，我花了6个番茄钟才做出来，你只花了1个，你做的还得奖了。

这就是能力的差距。

② 学习动机

也就是你学习一项技能的目的是什么。

是生存需求，是精神需求，还是消遣？

所以你让上了年纪、已经功成名就的长辈给你推荐书籍，他们肯定会推荐你看哲学、老庄、孔孟的学问，那些是修身养性的经典。

但我们很多职场的小伙伴，学习并不是为了修身养性。我们有岗位需求，有生存需求，我们迫切地想要提高自己在职场中的软实力和硬实力。

所以我一直说，要警惕那些让我们修身养性的人，他们要么功成名就，要么衣食无忧，他们哪里知道我们现在生活的迫切需求？

③ 个体差异

年龄、地域、学历、性别都是个体差异，这个不用赘述。

④ 转化经验

同样读一本书，“罗辑思维”可以策划出一期节目，我却连

140 个字的短微博都写不出来，这种知识打碎、拼接、跨界、演化的过程就是转化能力。

行动力也属于转化能力。比如大家同样听一次创业分享，有的人能立马转化为行动，在自己的产品中做尝试，有的人听完却什么都没改变。不去做，怎会有转化的经验？！

4

那我们在学习的过程中会受到哪些因素的影响呢？

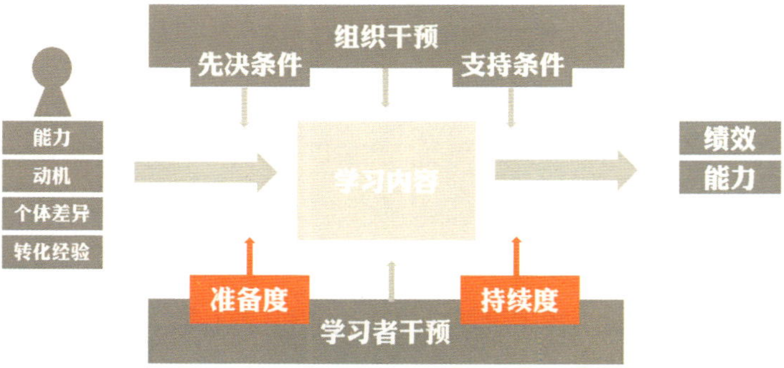

（1）学习者自身的干预

① 学习者的准备度

为了学这个知识你准备充分了吗？

在这之前有相关类型的学习吗？

比如你已经成功地学会了英语，再去学习第三种语言就会容易很多。

再比如我学习管理自己的时间，都是先从小块时间开始，先学会管理自己早上的几个小时，等熟练了一两个月之后，再尝试管理自己晚间的时间，这个过程又得花一两个月。

所以，学习的准备，就是培养自己学习的信心和对这个学习任务的难易程度的判断。

② 学习者的持续度

一项学习你能坚持多久呢？

你会说："我会一直坚持下去。"那很抱歉，往往你坚持不了多久。

任何一个目标都有期限，没有期限就意味着永远也完不成，你的意志力会在这种无穷尽的过程中消耗殆尽。

比如我学吉他，我制订的计划就是分阶段，第一阶段 10 周，学会基本的指法，并通过看谱演奏简单的曲子。

第二个阶段呢？第二个阶段不知道。我就制订了第一阶段的目标，先完成再说。

所以一想到只要花 10 周，每周去上一节课，每天在家练习一个番茄钟，我就意志力满满。这个目标难度适中，不会对我造成很大的压力。

我们看到很多社群的学习活动都会设定时间，比如 100 天习惯养成、21 天训练、8 周改变自己，等等。

设定持续的时间，让自己的意志力能够应付这样的持续度。然后阶段性地总结，这种反馈比"天长地久"更积极，更切合实际。

（2）组织干预

组织的干预有两个：

① 先决条件

比如公司的环境、企业文化等。

② 支持条件

公司是否有年度培训计划，对你的岗位是否有职业技能计划。

最后我们来看所处企业或者组织在我们职场学习中的干预。

注意，我这里包括前面提到的干预，可能是一种支持，也可能是阻碍。

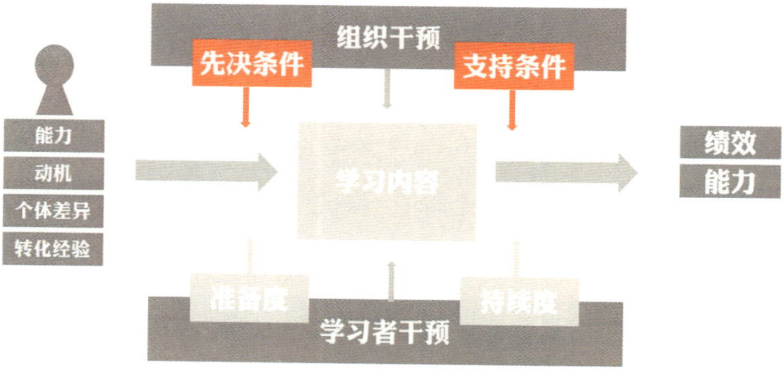

组织干预条件

5

那回到文章的出发点，我发现很多小伙伴会抱怨组织的环境对自己的学习有阻碍作用。

但是看这两个组织干预的因素，如果组织没有支持我们，是不是意味着我们就不用去学习了呢？

我认为恰恰相反，组织的干预因素我们很难控制，因为企业文化、公司决策并不是一个员工所能干预的，所以这个时候，我们恰恰应该回到自身上来。

这意味着组织的干预如果是常量不变的话，那我们自身的因素就是变量，我们不断让变量 DF（自由变化）。

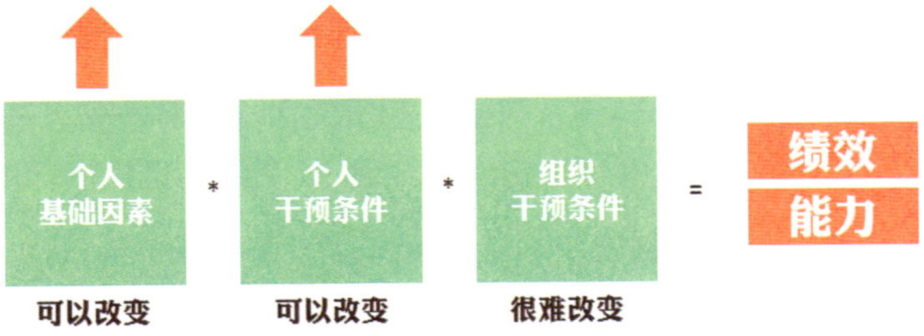

我们想办法使 XYZ 这些变量不断变大就行了。

6

最后，小六给出的建议：

（1）跳出自己的生活圈

如果公司没有学习氛围，那利用业余时间去网络社群学习，到学习爱好者扎堆的地方去学习。

我身处传统的半导体行业，对互联网感兴趣，我就利用下班和周末时间，加入一线城市的学习社群，跟他们一起玩，一起学习、讨论。

（2）到弱连接的环境去学习

不要和自己很熟的人一起学习，因为你们很多因素都是相同的，在他们身上你很难接触到新的东西。

而社群中的弱连接不一样，每个人都来自各行各业，都有各自领域的丰富经验，和这些人交流讨论，你会发现很多原来你不曾有的宝贵经验。追求见多识广，原来需要你花很多人力、财力才能办到的，现在不用，在家里就可以实现了。

比如我学项目管理的时候，是以程序员的视角去学的，但是当我和一群来自各行各业的不认识的小伙伴一起讨论项目管理主题的时候，他们每个人看待问题的视角都会让我不断刷新自己对这个领域知识的理解。这比自己一个人读书效果强百倍。

（3）不断更新自己

不断更新自己，就是不断更新学习的基础要素，也就是让自己的地基不断地变得扎实、雄厚。

个人能力、学习动机、个体差异、转化经验都会在学习的过程中不断地更新。

像一个自带系统的U盘，不断更新，最终实现个人独立和自由连接。

这种持续的更新，会产生“吸引力效应”，就是你越专注地去提升某一方面的能力，你越会交往到这个领域的“大神”。

比如半年前我只是刚开始在简书写字，半年后我发现身边居然多了一群作家朋友。

SUMMARY | 小结

▼ 职场学习的出发点，其实应该是一种主动学习。

▼ 我们需要通过学习来让自己不断强大，才不辜负这个时代给我们的自由生长的机会。

30岁前你应该具备的5个学习能力

自由不是随心所欲做自己想做的事情，而是有能力可以不做“不想做”的事情。

所以实现自由并不是靠勇气，而是靠能力。

怎么具备实现自由的能力呢？

最好的方式是，不断学习，不断更新自己。

那么，今天小六就来和你聊聊哪些方面的学习能帮我们实现自由。

1. 向书本学习

一本书就像是一个老师，你把它请到家，你有空就和它聊聊，没空就让它在书架上休息。

读书有好几种：

- 实用类阅读
- 工具类阅读
- 消遣类阅读
- 精神修养类阅读

不同的阅读提供不同的养分，就像我们的饮食一样，你不能偏食。

哪怕是鸡汤类的畅销书，你也可以看看年轻人是如何表达自己的想法的。

我就经常看这类书籍。

为什么我写干货没人看，写鸡汤的却这么热销？

我不会抱怨“凭什么”，我会去买他们的书，在书里请教他们“为什么”。

2. 向工作学习

工作是什么？

是别人要求你做，而你又有能力可以做的事情。

你想做什么样的工作，和你想成为什么样的人，是两件事。

你以为这份工作让你虚度光阴，给你一个你理想的岗位，你就能做好吗？

所以，在工作中要不断主动锻炼自己，无论做什么，都要让自己具备职业化的精神。

- 学习匠人精神
- 从为什么开始
- 追求细节
- 为自己工作

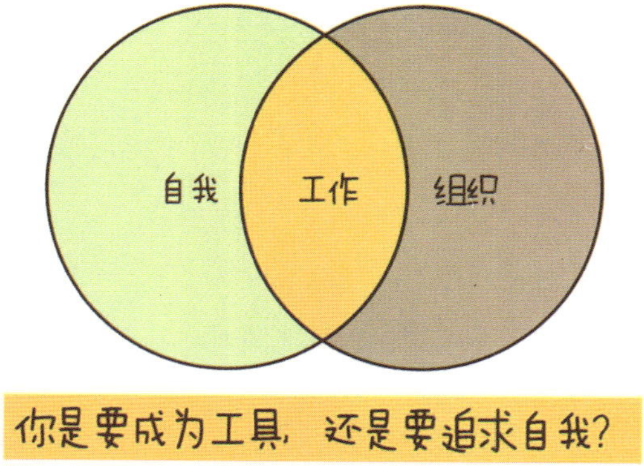

很多人觉得“给我这么多钱，我就做这么多事”，这不是很公平吗？

但是你忘记了，价格取决于你提供的价值。

老板又不傻，你有 10000 元的本事，他就只给你 2000 元？

公司不是在和你博弈，你的老板是在和其他公司博弈，因为给你太低，根本留不住你。

所以在工作中学习，是为了让自己不断提升，成为更好的自己。

你的内在价值在不断提升，别人给你的价格（工资）自然就水涨船高了。

3. 向朋友学习

我特别喜欢我现在的状态，因为我的朋友圈有许多比我强很多的人。

我每天都关注他们写的文章、在群里的发言。

他们会不断打破我的认知界限，好不容易建立起来的心理篱笆圈，每天都被他们“践踏”，但是我很开心。因为我知道有他们在，我就一直在进步。

这个世界“大神”很多，很多我们无法触碰。

但是出现在我们朋友圈的，说明我们已经有了一些连接，我们可以近距离地模仿他们，向他们学习。

我见过很多“大神”，都会写自己身边的朋友。

比如曹将的《这是我见过最称职的斜杠青年》。

作者在文字中陈述他们的闪光点，会给读者一种暗示：我也要向他们学习。

而另一方面，就是远离那些负能量的人。

他们什么都给不了你，只会影响你的心情。

4. 向组织学习

我刚参加过“行动派”上海伙伴圈的斜杠青年论坛。

近 300 人到场，四位“大咖”加上我，从活动发布到最后结束，有多少人来负责呢?

就 3 个人!

这 3 位小伙伴都只有二十几岁，但是却靠自己从零开始寻找资源完成了这么大的活动。

而他们加入行动派伙伴圈不到一年。

在组织中高效学习

当你一个人找不到方向的时候，组织会给你强大的力量。

组织有很多地方可以让我们成为更好的自己：

- 做事情有业务流程
- 做任务有项目管理
- 练习如何有效地与他人沟通
- 学会提高效率，以目标为导向

组织不一定是公司和团队，也可以是你参加的一些学习社群。

而这些社群组织往往会让你学到更多东西，因为那里面有一群和你一样的人。

5. 向金钱学习

任何决策都可以用利益来衡量。

你说你没有办法坚持每天早起，只不过是因为早起带给你的收益，远远小于你睡懒觉的收益罢了。

当你要靠粉丝实现个人品牌，每天只有早起才有时间看书，不看你就写不出干货时，“早起”就成利益驱使了。

小孩子才分对错 成人只看利弊

改变我价值观的是下面这些概念和理论：

- 复利
- 在成人的世界里面，没有好坏，只有利弊
- 机会成本
- 沉没成本
- 能用钱解决，千万别用交情
- 免费是最贵的
- 学习是回报率最高的投资

要学会大大方方地谈钱，大大方方地挣钱。

学什么不重要，重要的是你的知识和服务有没有人愿意付钱。

SUMMARY | 小结

▼ 我工作 10 年，但明白前文所述的道理都很晚。这几乎是我这两三年主动走出去，接触过很多人、经历过很多事之后，才有的一点点体会。

▼ 自由是需要我们具备“自律和能力”的双重强大的内在才可能实现的，而这些能力，都需要我们去学习，去不断更新。

碎片化学习的正确“姿势”

别刷手机了，来看看碎片化学习的正确“姿势”。

我们使用手机的状态一般只有三种类型：

刷：点开朋友圈或者微博，然后一条一条地刷。

读：看公众号推送。

互动：点赞、打赏、互动。

然后我们反反复复，就是在用手指做着3件事。

我们的状态就像是明明只想喝一口水，结果被水呛到喷了一脸。

1. 收集

在李参的《印象笔记留给你的空间里》提到了一个很好的碎片化学习方式，大意就是固定“刷手机”和“互动”时间。

零存：第一时间先收集再说。

整理：扫读一遍，对收集的信息进行分类、贴标签。

整取：用的时候，搜索标签。

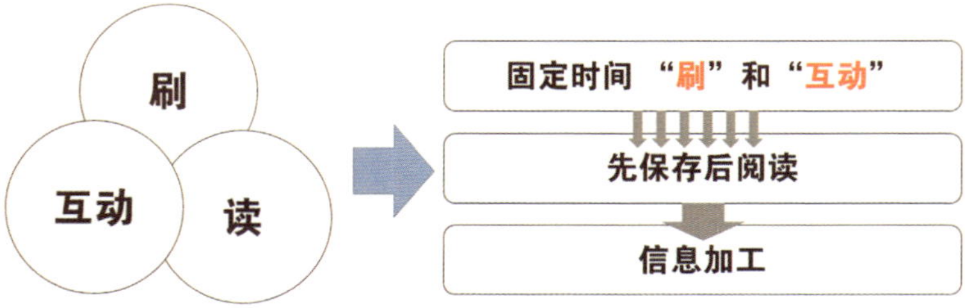

碎片化学习的正确“姿势”

举个例子：

我把听“得到”App 的时间固定在早上起床洗漱的 15 分钟里面。

我把每天刷微博和刷朋友圈的时间固定在中午睡觉前半个小时，这个过程中如果有一些是我关注的内容，我会随手保存到印象笔记里。

这个时候的保存，除非非常明确，不然并不会考虑放在什么目录里。直接扔到收集箱，省事儿。

2. 分类

这个步骤选择固定的时间去做，我喜欢摊开电脑，用大屏幕操作。

给一篇文章、一张图片分类可以按照下面三种方式分：

（1）按照知识管理的流程来分

FRS 分类逻辑：Flow（工作流）

（2）按照知识体系来划分

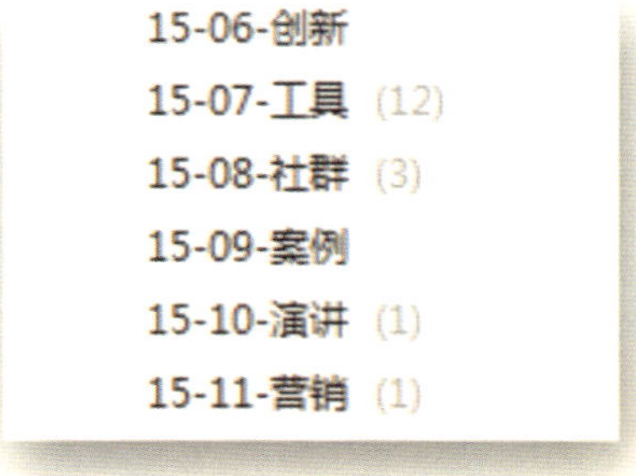

FRS 分类逻辑：Reference（知识体系）

（3）按照经验库的方式划分

FRS 分类逻辑：Stock（经验库）

当然上面这些方式你可以自由组合，慢慢摸索出适合自己的分类方式。

3. 贴标签

建立了分类，将文章做了归类之后，其实只是给文章增加了一个维度而已，我们最终的目的是为了实现“零存整取”。

也就是我们要做到从不同的角度检索这篇文章，都能找得到。

怎么做呢？

这时候就要用到贴标签的方式了。

比如有一天在微信群，有人发了张图片，我立马随手保存到云笔记的收集箱里。

过了几天，对收集箱进行整理的时候，我先进行分类，把它放到“图片收集”的目录里。

然后我贴了几个标签：四象限、心理学、性格分析。这几个标签也是我对这张图片的理解和认知。

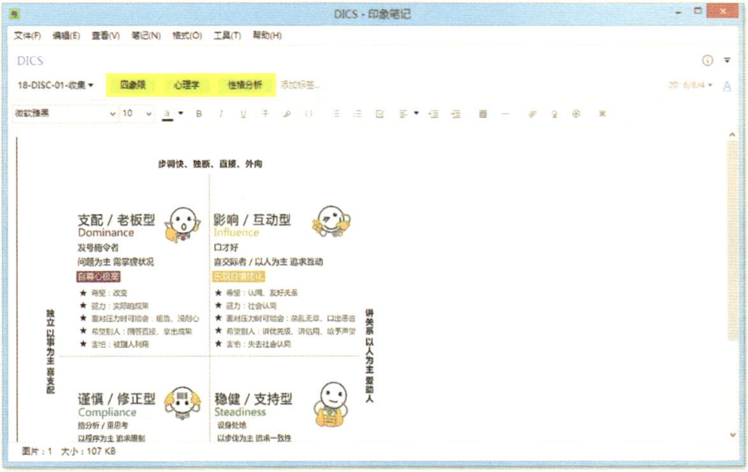

4. 忘记百度，你应该建立自己的知识库

碎片化是这个时代的生存方式，既然信息获取这么方便，我们完全可以利用碎片化的方式，慢慢建立自己的知识库。

有了这样的知识库，你可以随时随地地向知识库发起查询检索，而检索出来的结果，肯定要比你百度出来一堆“垃圾”，然后慢慢翻要高效得多。

一年前我开始实践这套方法，利用云笔记慢慢建立自己的知识库。

现在我每天还在继续实践这套“知识收集—整理—利用”的流程。

为什么你学什么都牛，我学什么都是渣？

我最近听了一场采铜老师的分享，大家在线下讨论的时候，说采铜老师讲得好专业，听不太明白。

于是我尝试给大家画了一些简易的图解，再把听课内容和我自己的课程结合做了更新后，发给了小伙伴们。

有小伙伴就感慨地问我，小六，为什么你学东西那么快呢？

为什么？好吧，一句话说不清，我尝试着来回答这个问题。

为什么学习效果会差这么多

为什么有的人听一场分享就立刻可以转化成自己的新知识，而有的小伙伴只是做了一下笔记，然后发现自己根本没有学到什么呢？

建构主义学习理论认为，学习的过程是学习者主动建构知识的过程。

“学习是建构内在心理表征的过程，学习者并不是把知识从外界搬到记忆中，而是以原有的经验为基础，通过与外界的相互作用来建构新的理解。”（D.J.Cunnigham，1991）

因此学习活动不是由老师单纯地向学生传递知识，也不是学生被动接受信息的过程，而是学生凭借原有的知识和经验，通过与外界互动，主动生成信息的过程。

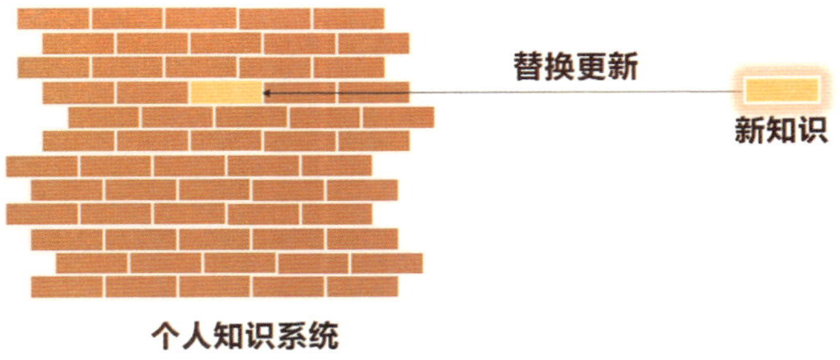

就像上图所示一样，当我们接触到一个新知识的时候，我们会基于自己现有的知识体系对这块知识的认知，对新知识进行判断和甄别，如果发现新知识优于我们现有的知识体系，我们就会完成知识更新。（当然这种更新不是像一块砖头一样直接替换，这个过程可能有截取、筛选、迁移等改造的动作。）

但是如果你不具备这样的知识基础呢？

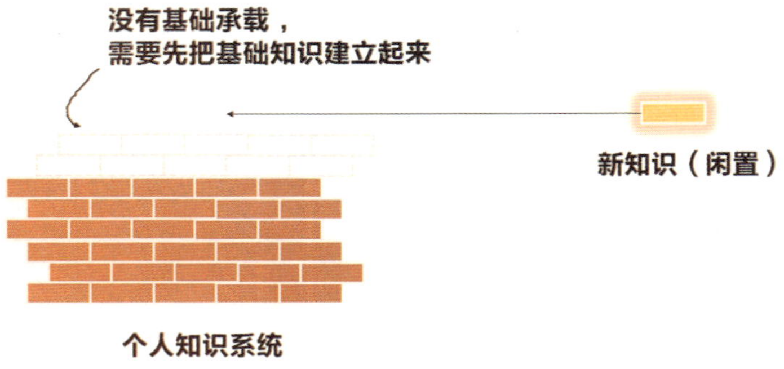

上图解释了为什么不同的人学习同样一个新知识的时候，得到的成果不一样。

因为你对新的知识没有基础承载，你需要先把基础知识建立起来才能很好地理解新知识。说白了，也就是你的知识体系没有建立起来。

比如，最近这场采铜老师的分享，里面提到了高级知识管理的阶梯。

专家级知识管理的五个台阶

这个知识片段需要你至少具备以下几个基础知识：

- 知识管理
- 建构主义
- 心智

是不是蒙了？因为你发现，这几个专业术语你都不了解。

所以你看，在没有相应认知基础之前，就算有一个“大神”

跟你分享，你也很难将他的知识更新到自己的知识体系中来。

那怎么解决这个问题呢？怎么构建出自己的知识体系，并成为高段位的学习者呢？

我建议按下面这四个步骤行动起来：

如何快速建立自己的知识体系

1.打开视野
2.先入门
3.建立知识架构雏形
4.快速迭代更新

1. 开放视野

我们眼睛每天看到的 80% 的信息都被大脑过滤了，不然你想想，我们要处理的信息该有多少。

所以，其实我们能看到什么，是我们的大脑在做筛选。

在心理学上有一个“色彩浴”的概念，也就是当我们暗示自己要看到什么颜色的时候，我们就会关注到什么颜色。

这个道理在日常生活中随时可以论证，比如你买了一辆别克的车，你就会发现满大街都是别克车。

所以，开放自己的视野，带着明确的目的去学习，你自然会发现原来那些信息就像主动蹦出来一样。

2. 别想了，先入门吧！

开放自己的视野，能让我们发现更多之前从来没有关注过的知识。

那如何接触这些知识呢？

最好的方式就是像初学者一样去做入门学习。

《像外行一样思考，像专家一样实践》这本书中提到了一个建议：让自己产生一些有点幼稚、天真、牵强的想法。像一个外行一样不受约束地思考问题，会让你这个门外汉快速进入这个领域。

比如你觉得时间管理是一个你很感兴趣的领域，那就随便买一本时间管理的书，先以好奇者的心态去了解。

当然，既然是入门，就要挑选一些相对比较容易的书进行阅读，而不是一上来就 GTD。

· 我对时间管理没有任何基础的时候，就看了一本手绘类的入门书——《图解番茄工作法》。

· 我在学理财的时候，是先参加线下的现金流游戏，然后再看《小狗钱钱》——据说它是给小朋友看的。

· 我在进行阅读训练的时候，最先看的也是一本很薄、很小的书——《王者速读法》。

虽然这些书很简单，但就是因为这样浅显的入门，才让我有兴趣深入了解下去，也让我可以建立起这个领域的知识框架的雏形。

3. 构建知识框架的雏形

很多人问我，我要学这个，我要学那个，但是我不知道从哪里学起，也不知道该学哪些东西。

其实没有那么复杂，一旦你入门之后，你的入门书籍就可以给你一个很简单的雏形框架。

比如我学习演讲能力的时候，我不知道做好一场演讲需要做哪些事情，那就通过一本书先建立一个基础框架。哪怕它是片面的、不完整的，也没有关系。有了这个框架，在后面的学习和阅读中，就会在这个简单框架上逐步进行补充升级。

比如我通过看《高效演讲》知道了一次高效演讲所需要具备的核心要素。知道这些要素后，再分析哪些是我已经具备的，哪些是需要我从其他书中去详细了解的。

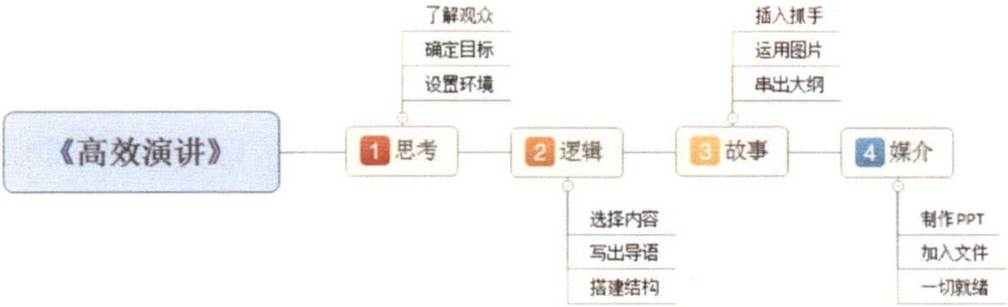

不知道从哪里学起，也不知道该学哪些东西，说白了，是你想得太多，做得太少了。

4. 快速迭代更新自己的知识体系

当你在一个知识领域建立起自己的初级框架之后，你要做的就是快速更新，让这个框架变得成熟起来。

所以，这个时候大量阅读、听课接受培训、写作和做分享都是很不错的办法。

比如我学习时间管理的迭代更新是这样的：

- 学习番茄钟
- 学习记录时间开销，在 A4 纸上列清单
- 在每天的清单里面加入“吃青蛙”
- 用奇妙清单取代 A4 纸
- 用 Doit.im（一种 App）实践 GTD

SUMMARY | 小结

▼ 聊到这里，我们知道了同样学一个知识，为什么每人的效果不一样了。

▼ 当然光知道原因还不够，我们还聊到了如何建立自己的知识体系的理论步骤。

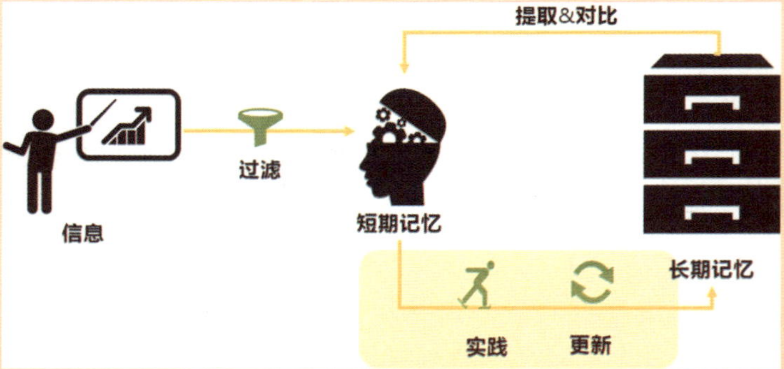

▼ 行动才能产生改变，期待你的行动。

如何做到和你崇拜的人一样优秀？

我们每个人都有学习的对象。

我们当然希望自己也能像他们一样出色，那我们到底该怎么做呢？

其实最简单、最高效的办法就是模仿。

简单拷贝，依葫芦画瓢，都是对“模仿”的粗浅理解。

如何找到模仿的对象，该怎么高质量模仿，才能像偶像那样优秀？希望这篇文章能给你一些参考。

1. 分析自己的现状

这个阶段要对自己的状态做出整体评估。

什么是“整体”？

你需要找到自身的优势和弱点，还需要发现威胁和机会。

凭空乱想和在纸上列清单都不靠谱，我们需要一些框架：

- SWOT 分析（内部优势、劣势和外部的机会和威胁）
- 个人商业模式画布

你是谁，你有什么，你会什么，你凭什么……一张 A4 纸搞定。

写下你坚决不想做的 10 件事，写下你特别想做的 10 件事，你会更加容易看清自己。

2. 找到要模仿的对象

确定了自己可以靠什么挣钱之后，接下来的事情就是找标杆了。

你要知道市面上靠这个技能挣钱挣得最愉悦的人是谁。

实际上就是找品牌：

- PPT，你可以找到秋叶、阿文、曹将等人。
- 手绘，你可以找到阿翔、汤小元。
- 知识管理，你可以找到萧秋水、田志刚。

找到他们，分析他们，这并不是只去买他们的书、参加他们的培训、听他们的分享那么简单，你还需要使用 P–VAR 模型来帮自己。

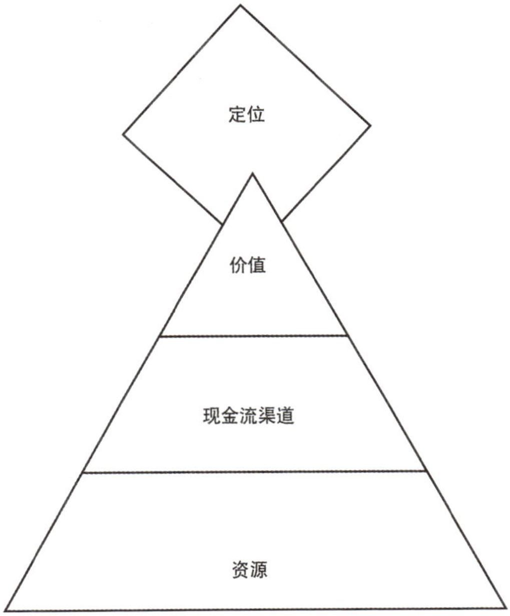

- P 指 position 定位

他的受众定位、竞争定位是什么？

- V 指 value 价值

他的价值观和价值主张是什么？

- A 指 activity 活动

他有哪些现金流渠道？

他通过什么活动方式来得到收益？

他是如何学习和成长的？

· R 指 resource 资源

他有哪些渠道？

他和受众的关系怎么样？

他的搭档和伙伴圈有哪些？

起码在皮毛上，你要研究透，他们是靠什么挣钱的？他们挣钱的“姿势”是什么？

这个阶段你找的标杆要多，单个的参照是抄袭，一群参照就是创新了。

3. 描绘成功后你会变成什么样子

清楚了自己的现状，也知道了你的偶像的现状，接下来就是描绘一下你的蓝图了，也就是描绘一下你要实现的目标。

同样，这个时候也不要胡思乱想。

尝试将目标 SMART 写下来，在文字中表达自己的感受，想象一下 3 年后，当你实现那个目标的时候，你的状态、你的心情是怎么样的，你坐在哪里，你面前是什么风景——做这些臆想都是为了告诉你的潜意识，你要开始了。

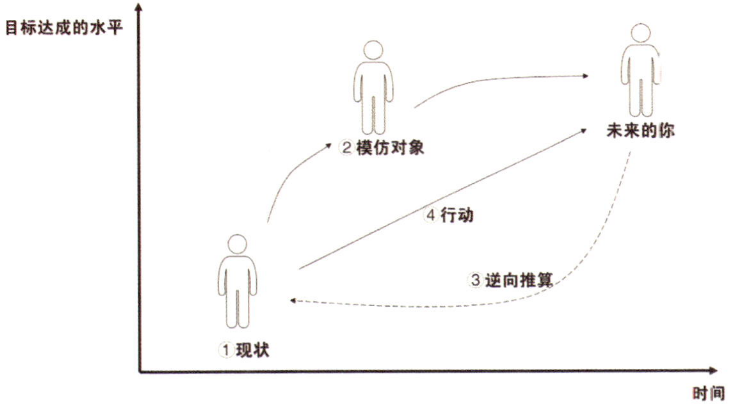

4. 逆向计算你和“大神”的差距

那你会在何时、如何实现目标呢？

让我们从“明年的这个时候要赚 100 万”倒推“明天你可以为那个目标做什么”。

如果你的梦想清单里有一条是去上哈佛，那通过 GRE 考试是你的半年度目标，而倒退到明天早上，你的目标就是起来背 50 个单词。

目标太大了，会让我们产生焦虑，最后的结果就是拖延和放弃。所以我们可以把目标定小一点，先计划明天要做什么。

5. 动手去做，追随他们，寻找突破

找到了要模仿和追赶的对象，也制订了每一小步的计划，那

接下来就是动手去做，对不对？

如果你对自己的目标足够向往，你会克服拖延、自控力差、自律性弱等问题的。

每天都关注你的“偶像”写的文章、做过的分享，他更新的时候，你紧紧跟随，同步更新。

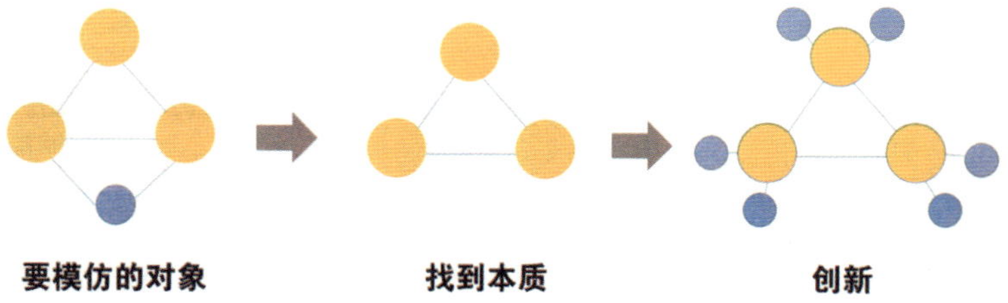

迈出第一步是最艰难的，第二步是坚持做。

这两个步骤足以淘汰 99% 的人了。

所以，没有成功，持续平庸也没什么，不是吗？

如何成为一个很厉害的年轻人？

为什么大家都在看同样的书，有的人能读得很好，有的人却只是走马观花呢？为什么说现在经验不值钱了，有的人好不容易积攒的一些经验，好像越来越没啥用了？为什么有的人理解一件事往往很深刻，为什么有的人总是那么肤浅呢？

其实大部分人都是通过后天练习而变得厉害的。

那怎么练习？方法呢？需要注意什么？

如何成为一个很厉害的人？简单来说，就是“智勇双全”。

1. 智：开放心智，破除经验的路径依赖，学会高智学习。

（1）开放心智

（2）重置经验

（3）高智学习

2. 勇：勇敢走出舒适区，可以通过练习提升自己的能力。

3. 双：两个角度看到奋斗，“一定会取得成功”和“一定会遇到麻烦”。

4. 全：全流程掌握知识管理，从收集、整理到分享、利用和创新。

今天我们讲怎样学会开放心智，破除经验的路径依赖，进行高智学习。

1. 开放心智

电扇持续的呼呼声，皮肤对衣服的触感，腿和椅子的挤压感。在我指出之前，很可能你从来都没有意识到它们的存在。

某种程度上，你已经忘记了这些感觉的存在，为什么呢？原来，这是一个我们称为“适应机制”的基本大脑工作程序在起作用。

在日常生活中，我们的大脑尤其擅长过滤掉各种常量信息。大脑只对需要其做出回应的变化情况感兴趣，因此，脑细胞都去处理有差异的信息了，即便这种差异很微小。显然，提取没有变化的信息（像衣服的触感或桌椅的挤压感），是一种脑力浪费，所以大脑运用“适应机制”过滤掉不变的背景环境，使你聚焦于新鲜事物。

但如果你只依赖这种“适应机制”来过滤信息，你会发现你会渐渐失去对新事物的敏感性，因而会丧失太多的机会——因为这些人，始终承受着匮乏的折磨，在这些缺陷获得满足之前，是无暇他顾的。

所以开放心智是成为一个行动者的第一步。

那怎么开放心智呢？

我们可以不受限制地被动接收信息，但更要主动地去寻找我们想要的信息。

在学习的时候，我们也可以主动设定要关注的目标，然后会发现这些信息自然就会呈现出来。

比如在阅读方面，我们可以学习主动阅读和主题阅读，带着问题主动去寻找答案。

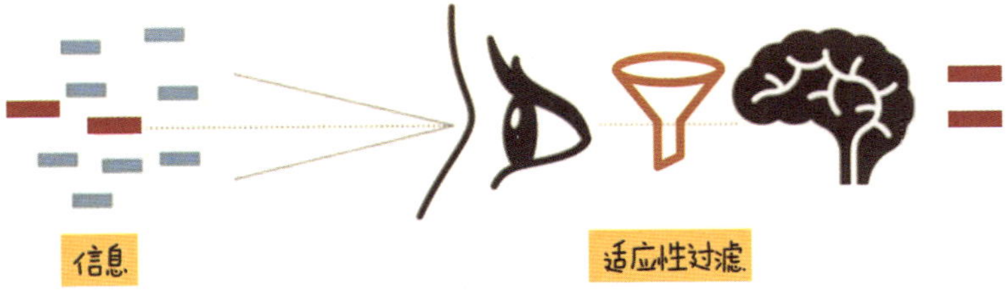

主动阅读和主题阅读

2. 破除“路径依赖”

《第五项修炼》中有句话是这么说的：“我们的心智模式不仅影响我们如何认知周围的世界，还决定我们采取何种行动。”

“路径依赖”就是用一种固定的心智模式去采取行动。也就是我们常说的，一个人越有经验，越容易被经验束缚。

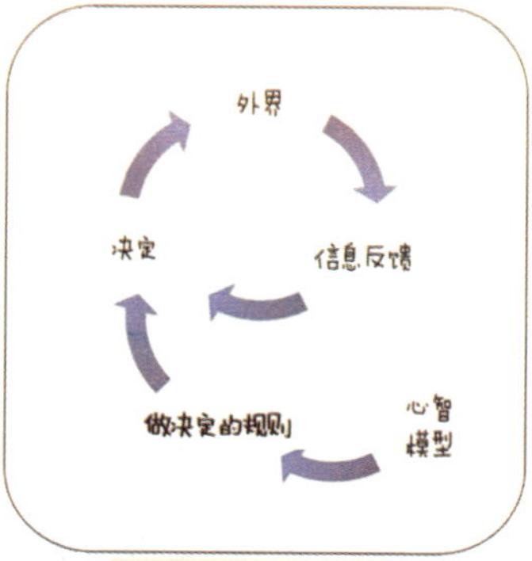

固态的心智模型

动态的心智模型

我在拆书帮做拆书家的时候，经常看到拆书家扫描书上的片段资料分发给大家，因为只在扫描仪里面按着书页直接扫，那个效果可想而知了。歪着斜着不说，还超级浪费纸——因为只能两页扫描，但用的片段只有一个。

我就想为什么不直接把电子书里的片段复制出来呢？

然后我尝试不复印，而是从电子书复制到 Word 里，标记来源出处，加上拆书帮 LOGO……

一年多以后我把 Calibre 这个工具正式介绍给武汉的伙伴的时候，他们惊呼居然还可以这样！

别人传授的经验和自己练习得到的经验经过很长时间的使用，就会形成这种依赖。

破除“路径依赖”，那我们就需要对自己进行经验重置。

这就像过去一个人会赶马车，驾驭马匹的经验丰富，但到了汽车时代，他这些经验就都没用了。他就只能下岗，或者去学习新经验，比如考驾照。

能解决的办法就是：高智学习。

3. 高智学习

“高智学习”，这是斯坦福大学教授詹姆斯·马奇在《经验的疆界》中提出的概念。

它对应的概念是低智学习，就是说通过试错、模仿来学习，获得经验。比如心理学实验中，鸽子知道按按钮能掉食物，就不停地按；猫被火苗烫了一次，就再也不靠近了。这种学习，只是表面了解，并没有真正掌握事物的因果关系。

而高智学习，是搞清楚事物之间的因果关系，并且总结出模型、规律，应用到不同的场景。也就是说，高智学习获得的经验，可以应用到多个领域。

比如学习结构思考力之后，我可以将“金字塔原理”同时应用到思维导图、视觉呈现、PPT、写作、汇报、沟通等多种场合。

再比如学习《如何阅读一本书》里的分析阅读和《学会提问》里的批判性思维之后，你会发现对作者的结论、论证和论述过程都是一样的处理方式。

和《如何阅读一本书》里的分析阅读一样，这个高智学习方式，需要花费大量的时间，反复练习，才能得到经验。

那我们可以通过什么方式掌握高智的学习方法呢？

我推荐学习密歇根大学经典课程：模型思维。

PART 4

知识体系：
拒绝盲目学习，先构建自己的知识体系

在有限的时间内达到阅读的目的，
是每一个追求高效的学习者应该练习的技能。

靠知识赚钱，这6个阅读习惯可以帮到你

靠知识挣钱，本质上就是利用“信息不对称”的原理挣钱。

也就是一个知识，我比你先知道，比你先理解，比你先实践，然后我还比你先说出来，分享出来。

那怎么让自己一直处于“信息不对称”的领先地位呢？

我的秘诀是，源源不断地大量阅读。

所以想要做知识服务，下面我的这6个阅读习惯希望能帮到你。

1. 一天一本

商业类和畅销类的书籍，我每天都按一本书的速度阅读。

做到的方法也很简单：

· 预览：先看目录和序言，搞清楚这本书的架构，就像去游乐园，先看一遍地图一样。

· 扫读：快速将整本书扫一遍，标注感兴趣的图片、关键字和结论部分。这就像拿着地图快速地把整个游乐园逛一圈，遇到感兴趣的或者难的地方也不停下，只是做标记。

· 跳读：根据80/20法则，只读感兴趣的部分，这就像拿着带标记的地图，重点去游玩最感兴趣的几个点。

跳读

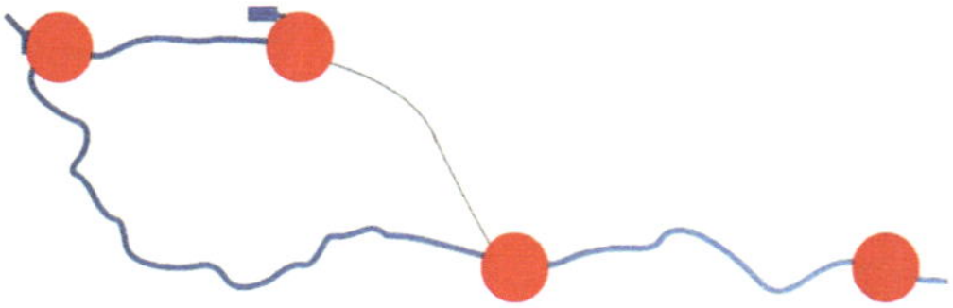

地图你已经有了，重点也标记了，要不要继续玩？

这种方法特别适合商业类和实用类书籍，我可以快速地提取出书中一些对我有用和感兴趣的知识点。

推荐阅读：《书都不会读，你还想成功》《如何高效读懂一本书》《王者速读法》

2. 限时和计时

我的阅读时间每天最多是两个小时。

我拿起一本书的时候，就会打开番茄钟。

番茄钟有两个好处：一是可以有一个明确的“标示”，让我保持专注；另一个好处是我可以知道读一本书要花多长时间。

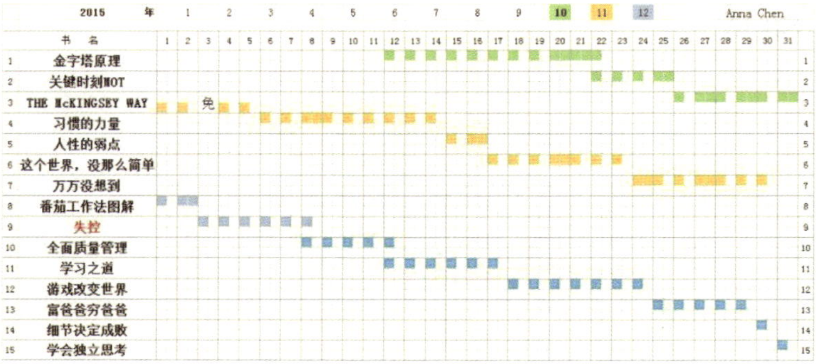

阅读应该成为一个自然的习惯，而不是强制性的任务。

所以最开始的时候，你只需要每天 25 分钟（一个番茄钟）的时间，不要在乎自己读了多少，也不要赶进度，仅记录自己花在阅读上的时间就好。

3 个星期之后（21 天），你会发现，普通一点的商业类和实用类书籍，就算一本书从头翻到尾，也只需要六七个番茄钟就够了。

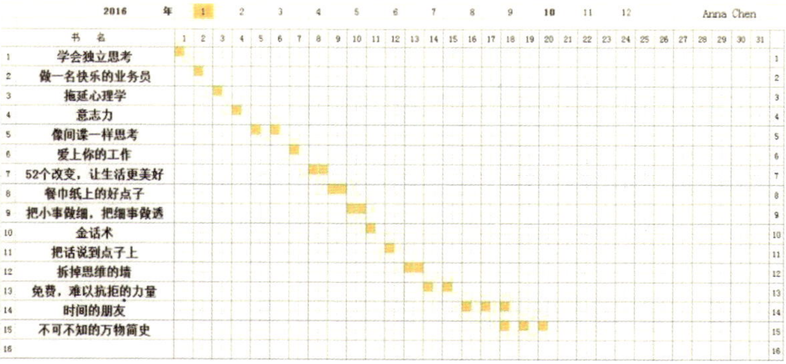

3. 当“国王”

很多人都会觉得我们就应该像对专家一样对待一本书，所以我们会毕恭毕敬，从第一页翻到最后一页，生怕错过了专家的任何智慧。

我们怎么判断一个老师的课讲得好不好呢？

他讲得很专业和让我们听懂了，哪个更重要？

阅读的本质是为了获取知识。

如果一本书里的东西很专业、很高深，但是你看不懂，这对你来说就不是一本好书。

所以，我阅读的时候，都是“国王脾气”。

- 到处批注，讲得好，我就写出我的感叹；写得烂，我就在旁边讽刺。
- 专家都是我的“仆人”，我有问题，就从书架上请出他们为我作答；我明白了，他们就返回书架去。
- 让我根本无法理解的，都不适合我。
- 讲的都是我已经知道的，我也不会浪费时间。

4. 换挡

很多人说：“小六，你这样阅读会不会太功利了？”

这个问题，其实早在一年前，我就回答过了。

职场类阅读，就是带有强烈目的性的，但是请注意，即使像《如何阅读一本书》这样的书，也在开头就明确告诉我们，提高阅读效率的方式，主要还是适用于“实用类”的书籍。

小说、历史、哲学、思想类的书籍，我们自然不能像吃快餐一样。

因为目的不同，所以我们读不同类型的书籍的时候，采取的方式也会不同。

· 快速阅读的过程中，遇到新的知识点，类似拆书帮 RIA 便笺读书法的精读方式也值得尝试。

· 读采铜老师的《精进——如何成为一个很厉害的人》，有些地方你可以快速阅读，有些地方你需要精读，这就像你开一辆手动挡的车，遇到高低起伏的地形会不断换挡一样。

阅读的时候不断换挡的思维，会让我们对自己的阅读能力不断打磨。

所以，快速阅读、主题阅读、深度学习，这些你都需要去掌握。

学会“阅读”再阅读，在适当文字片段中使用不同的挡位，才是高效的阅读者。

5. “种草”

如何快速成为一个领域的专家？答案是：不可能。

但是我们可以先搭建专家的思维框架。

刚接触新的知识领域的时候，我会采用“种草”的方式。

也就是先入门，像撒上草籽一样，大范围播种，然后等待。

比如我最近在学 DISC，里面涉及很多新的知识和概念。

我的学习方式就是，先针对各个知识和概念，做入门级的了解。

我们关注什么，就会看到什么。

所以，当我们在大脑里撒上这些草籽之后，我们就会刻意留意和观察外部的信息，看看哪些有营养的内容可以让这些草籽发芽。

然后我们大脑里原有的知识库也会像地下水一样，不断地给这些草籽提供水分，让它们变得成熟。

- 种草籽，建立基础框架；
- 不断搜集外部信息；
- 不断汲取内部知识，做关联。

有了这 3 个步骤，思维框架会越来越健壮和丰满，撒下的草籽先变成草地，再变成灌木丛，最后长出大树。

6. 一扫而光

我还有一个阅读习惯，比较费钱，但是效果很好。就是一扫而光，尽可能将这位作者写的书或者这本书所参考的书全部买过来读。

像我读完一个作者的书觉得很好，我就会把他写的其他书都买过来。

比如我读完阿城的《棋王、树王、孩子王》，被他写故事的功力吸引，我就会把他写的其他书都找过来。一本书不太能看透一个作者的文笔，但对几本书共同分析却会有意想不到的收获。

这种方法，特别适合研究一个你喜欢的作者的写作手法。

或者一本书很好，我会把作者在书中提到的其他书籍，也悉数买过来。比如采铜老师在他的公众号里公布了一个长长的参考书目，我全都买了回来。

如果你觉得这本书特别好，那就去追本溯源，将这些参考书目都搞到手是一件非常聪明的事情。

这样做有两个好处：一是你会得到比作者更近的第一手资料；二是你容易从作者给你的简单知识体系中，构建属于自己的更强大的知识模型。

这种阅读很费力气，需要你学会快速阅读和主题阅读。

虽然费钱、费时间、费力气，但是相比我们漫无目的地阅读，这种方式效果是最好的。

SUMMARY | 小结

▼ 目的决定行为。

▼ 每个人都能掌握 6 个习惯，但是做不做得到，必须看你的目的是什么。

▼ 如果仅仅是让读书成为陶冶情操的一部分，那本节内容对你来说一文不值；但是如果你想靠知识来变现，大量的阅读（输入）是你高频率输出的必然基础。

▼ 不去做是不行的。期待你的行动。

有些书不是不适合你，只是没到时候

1

只要有人问我对《红楼梦》有什么看法，我就会立马跪在地上说："我像是读得懂《红楼梦》的人吗？！"

其实也不是玩笑。

中学的时候读《红楼梦》，读到"贾宝玉初试云雨情，刘姥姥一进荣国府"就读不下去了。

是真读不懂。

这种不懂是觉得自己修行不够，就像一个还在蹒跚学步的小孩在看田径比赛。

现在看《红楼梦》呢，还是不懂。所以我一直把人民出版社的《红楼梦》放在书架最显眼的地方，用来提醒自己进步的空间还很大。

就像听曾仕强讲《易经》，他建议五六十岁的时候再来研究《易经》比较好。那时候你该经历的都已经经历，该追求的也已经追求到了，《易经》对你来说就好理解了。

2

我高中的时候读马尔克斯的《百年孤独》，印象最深刻的倒不是什么魔幻主义色彩，而是里面关于性的奇妙描写。

马尔克斯去世的那天，我才想起来我曾经读过他的书，于是翻出来又读了一遍。

咦，当年让我手心出汗的场景，我发现在书中原来只有那么几句话而已。而重读之后，我才发现王小波、莫言、余华他们的有些小说都属于这类魔幻现实主义文学，比如《生死疲劳》《第七天》。

阅读就像旅行，书就像晴空的太阳、草原上的风、山林中的雨雾……你见过这世间的风景越多，就越能体会眼前看到的风景对你的吸引力。

3

卡森·麦卡勒斯在《心是孤独的猎手》中写两个失语者的分别：辛格从窗外望着他，双手最后一次绝望地与伙伴交谈。可是安东尼帕罗斯忙着检查午餐盒的各项食品，一时间顾不上辛格。车子从路边开动的刹那，他把脸转向辛格，他的笑容平静而遥远——仿佛他们早已相隔万里。

什么样的笑容是“平静而遥远”的呢？

我一直不懂这个形容，直到前几天心爱的姑娘和我提出分手。

我们相恋三年，准备结婚，因为房子的事情弄得心力交瘁。

她坐在我面前，笑着问我：“你在乎过我吗？”

我看着那张熟悉而美丽的脸，我才感受到她的笑容平静而遥远。

我忽然明白了。

4

作者徐沪生是我们写作社群的小伙伴，他已经是出过两本畅销书的作者了。

出于支持，我买了几本，但是一直没看。

潜意识里面总觉得这种成功励志类的鸡汤书籍，并不适合我。

一天下午我整理自己的书柜，翻开了他的那本《少年啊，前路漫漫》，心想：送人之前，起码得知道这本书写了些什么吧？然后我一看就没有停下来，连整理书房都忘记了。

原来有些事情，不是说你工作了很多年就明白了。

有人年纪比你小，但是很早就思考过这些问题，而你却没有。

学习的时候，把自己当作一个初学者。带着初学者的心态去阅读，你会发现原来觉得不会有收获的书，却往往给你一些新的启示：为什么他这样写会得到这么多人的认可，为什么道理你也懂，但是你却写不出来。

5

路遥的《平凡的世界》里描述的那种新中国成立初期农村孩子求学上进的生活状态，我没有经历过，所以大学那会儿看《平凡的世界》总觉得不能进入作者设定的场景和剧情。

毕业后，我一个人带着自己仅有的两箱书和老爸给的 1000 块钱，从湖南到江苏，在火车的过道里站了 19 个小时。

从那一年开始了近 10 年的漂泊。

“混不好，我不回来！” 临走时我冲着车窗外的父亲喊。

此后我每个月的工资是 1500 元，在第一家公司干了三年，三年没有回家，因为买不起火车票。

而直到生活稍微有点起色，能够一个人从容在城市里生活之后，我重新翻开《平凡的世界》。我才能切身体会，作者表达的那种对命运的抗争、对生活强烈的希望和面对现状无处可逃的自卑。

6

一本书如果不适合你，其实没关系，把它放回书架吧。

如果这本书的生命已经有 10 年，那你可以放心搁置着，几年后，这本书你还是可以再次翻开的。

而在这种跨越时空的阅读中，你会发现在和从前的自己进行沟通，你会明白成长带给自己的领悟。

有一天和一个小伙子聊到《平凡的世界》，他问我：“六哥，你觉得最后少平和他的寡妇嫂子在一起了吗？”

我说：“不知道啊，但是他一定会平凡幸福地活下去的。”

高效的阅读学习为什么要追求“目的性”？

阅读有 4 个种类：

- 主食阅读，是为了寻求人在职业、工作、生活、生理、心理等方面，一些现实问题的直接解决之道。我们可以称之为“生存需求的阅读”。
- 美食阅读，不求针对你人生的现实问题提出直接的解决之道，然而，却可能帮助我们从一个看来间接但是非常根本的方向思考这些问题或现象的本质是什么，也称为“思想需求的阅读”。
- 蔬果阅读，是为了帮助我们查证阅读过程中不了解的字义、语义、典故与出处，很像饮食里的蔬菜、水果。我们又可以称之为“工具需求的阅读”。
- 甜点阅读，和前面三种的不同之处在于没有一定的目的，不为了寻求现实问题的直接解决之道，不为了寻找思想的结晶，也不为了参考或查证。阅读就是为了娱乐、消遣，是一种休闲活动，很像饮食里的甜食或零食，追求的就是口感。我们也可以称之为“休闲需求的阅读”。

了解了分类，很多小伙伴就已经按捺不住，要准备“大吃一顿”了，但是等等，在去找书来读之前，还有一个很重要的问题：你为什么要读这本书呢？

1. 读书要有目的

你会说，每本书都要讲目的太夸张了吧？

但是没有目的的阅读就会变成一件可有可无的事情，“如果我有时间了，我会读读书的”，那就意味着如果没有时间，我们就根本不会读喽？

比如：

商业类的书，帮我们提高自己某方面的技能。

思想类的书，帮我们构建自己的思维模式。

工具类的书，帮我们了解某些词句的定义。

武侠、枪战、间谍加爱情的书，是让我们消遣的。

2. 有了目的，你才会去选书

我看到同事做的 PPT 好“高大上”，相比而言，我自己做得好难看，他是如何做到的？我得去找秋叶老师学习一下 PPT，要不先买本他的书读吧。

最近老板安排我为新厂区做智能化方案。物联网传感网到底要用到哪些技术？我得去买几本物联网和传感网的应用类的书籍研究一下。

IT 部门的服务投诉率一直很高，我观察了一段时间，发现大家在沟通上存在很大问题。嗯，不如买几本职场沟通类的书，在部门内拆书一起学习好啦。

……

带着这些目的，我才能衡量一本书是花钱买还是去图书馆借，或者在网上下电子版。我们会在脑海里权衡成本和收益，只要目的强烈，我都是坚决选择购买；如果不是很强烈，目的只是为了了解，那我会选择到图书馆先借，看完不错，立马买。

对于消遣类的书籍，我会选择用 Kindle 在亚马逊购买，免费甚至一两块钱就可以搞定。如果看完觉得很好，也会买一本纸质的书收藏备用。

2015 年我买了 300 多本，花费了将近 10000 块钱，但是读书带给我的收益远远不只这个数。参加过培训的朋友都知道，一天的线下培训课程，收入都是好几千元，买书产生的花费比重就相当小了。

3. 有了目的，你才会找方法

当然，买书的开销并不是大头，阅读成本最高的还是时间。很多小伙伴阅读困难就卡在时间上，上班工作忙，经常加班，下班还有一堆事儿处理，给阅读的时间就只剩下一句话：“有时间我会读读的。”

我们每天刷手机的时间肯定超过 4 个小时吧？

不管怎么说，有了目的之后，是可以节约你的阅读时间的。

有了目的，拿到一本书的时候，你就会选择哪些看、哪些不看了。

你就会想办法搞清楚一本书里面哪些内容和你的目的很贴合，

哪些不是那么重要。

所以，阅读方式就自然简单了：阅读对我很重要的（和目的贴合的），忽略那些对我不重要的。

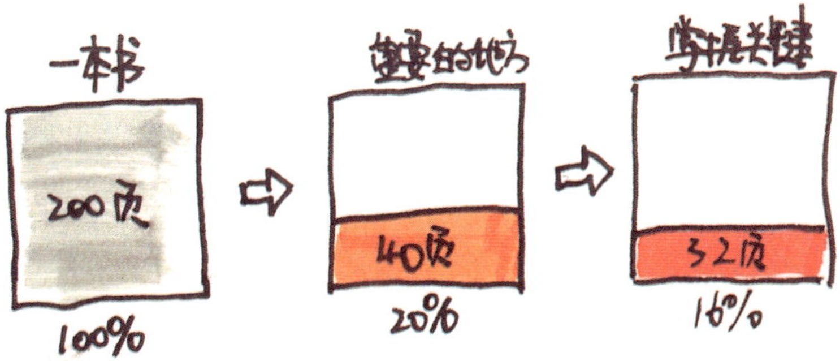

这种选择其实有一个很有力的理论支撑，就是著名的帕累托的“80/20 法则”，我们 80% 的阅读成果是从 20% 的书中获取的，也可以说，一本书 80% 的重点内容，我们只需要阅读 20% 的章节页就能得到。

4. 为了高效达到目的，我们需要检视阅读

明白了“80/20 法则”，那问题接着就来了，我们怎么知道一本书里面哪些对我们是重要的，哪些对我们不重要呢？

这时候就要用到《如何阅读一本书》里面的检视阅读方法了。

任何有目的性的阅读，都可以通过检视阅读的简单步骤来了解整本书：

· 查看前言
· 查看目录
· 查看后记
· 查看作者自序

把整本书的结构映入脑海，通过检视阅读我们能知道：作者写这本书的目的是什么，一本书大概分成几个部分，每个部分大概讲了什么。

5. 给阅读目的设置阅读时间限制

阅读有了目的，有了选择，就有了实现 SMART 原则的基础。

但我们习惯了随心所欲地把一本书读完，没有对阅读的时间做强制的要求。

没有时间限制，什么时候读完都可以，意味着我们永远也不会读完。因为我们在没有压力的情况下，很难发挥学习潜能。

所以，在有限时间内达到阅读目的，是每一个追求高效学习者应该练习的技能。

那多长时间比较合适呢？

本田直之的《高效阅读法》认为阅读一本书需要一个小时，但只适合下列书籍：

· 以强化你已经具备的知识为目的的书。

· 成功体验或经验谈的书。

· 自我启发，激发潜力的书。

如果是挑战全新领域，或者读特别厚重的书，可以对花费的时间做相应的调整。就像吃一个大包子和一个小笼包一样，你设定的消化时间肯定不一样。

我一开始的时候也不知道如何设定时间限制，于是就利用番茄钟（25 分钟）来记录自己的阅读时间。我为了不影响工作，每天阅读最多进行 4 个番茄钟，也就是 1 小时 40 分钟。通过番茄钟和记录表格，我能很清楚地知道我的阅读速度。

有了时间限制，我就会自己选择碎片化的时间，比如一本书大概要花 6 个番茄钟，那我就会选择拆分成两天来进行阅读，或者利用中午饭后 30 分钟，临时增加 1 个番茄钟。

SUMMARY | 小结

▼ 有了阅读学习的目的，我们就知道如何选择书籍。结合检视阅读，我们应学会带着目的选择读一本书的哪些部分。

▼ 为了目的的有效达成，我们结合番茄钟和阅读甘特图来记录自己的阅读时间和进度。

▼ 阅读是最划算的自我投资。如何用有限的时间实现低投入高回报的杠杆效应？先给自己一个阅读的目的吧。

我们还没努力到要拼运气的时候

1

很多小伙伴问我，怎样才能成为一个新媒体写作者？

我说："你已经在写了吗？"

这个问题几乎可以"礼貌地淘汰"一半以上的提问者，这些小伙伴总是想先看到结果，再决定要不要行动。

剩下的人会回答道，我已经写了很多文字了呀，每天都在坚持写呢，可是为什么还是没有人点击我的文章呢？

噢，你确定你努力了吗？

2

你的写作动机是什么？

在 20 世纪 60 年代，哲学家卡尔·罗杰斯提出，动机的真正来源是人的内在需求。

比如：

我们吃饭是为了抗饿还是为了应酬？

我们上班是为了赚钱，还是为了找件事儿干，打发时间？

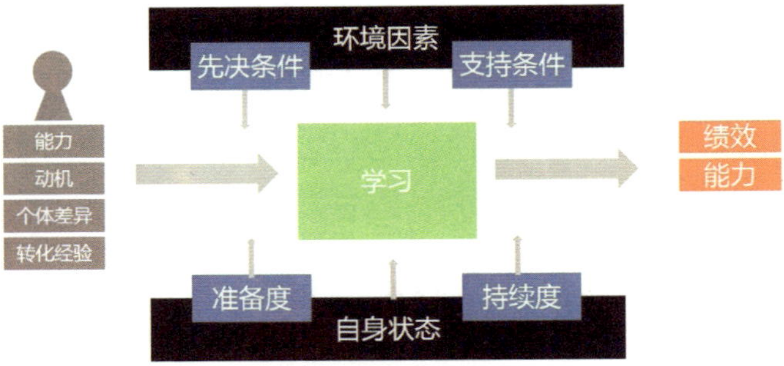

动机是最基础的学习效果影响因素

那你写作的动机是什么呢?

是为了记录自己的经历，还是为了分享你的经验?或者是为了扩大自己的影响力，建立自己的个人品牌?

动机不同，写作方式就会不同。

举个例子：

我写的两篇书评，《一周一本书——03—动物庄园》和《用故事和这个世界温柔对抗》写作的手法就不一样。第一个标题是以自己为中心的，第二篇却是以想要表达的内容为中心。

不只是标题，内容、文章的结构、段落的标题、图文的结合、怎么开头怎么结尾，都是一个一个的变量因素。

内在驱动会让人产生更加积极的行动。我们只看到他 100 天采访 100 位网络“大神”的计划，却不知道他为了写一篇采访稿，会通过所有的社交平台来找被采访者的资料和信息，甚至可以在对方的公众号里不断地表达“勾搭”的意图，买对方的课程，混到脸熟，再争取采访的机会。

动机不同，行动就不一样。

3

读者看你的文章的动机是什么？

如果你写文章是为了让别人看，你要做的最重要的就是引发读者的兴趣。

这种兴趣可以理解为读者有这个需求，而且你的文章能给读者带来价值。

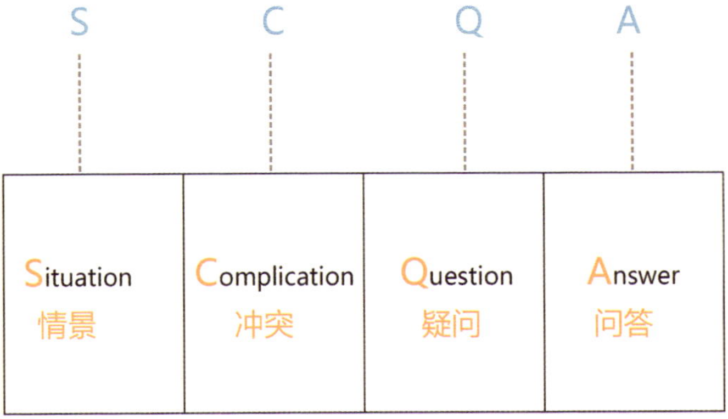

采用 SCQA 讲述结构

一篇阅读量突破 10 万的公众号文章是如何写成的？

就是因为文章把握了读者的这种需求，并且提供了价值。

那你的文章呢？

很多人总是说别人的文章是标题党，但是标题作为文案最直接的形式，不正是要正面响应读者的“需求”吗？

为什么有的文章点击率高，有的文章点击率低？

因为读者都是聪明人，他们知道如何取舍。你推送了一篇文章，就像是在店铺里推出了新商品一样，你一点销售意识都没有，就指望大家都膜拜你的文章，你是不是想多了？

所以，如果你想要别人都来看你的文章，就不要装清高，请站到门口去，大声地喊：“天寒地冻，来尝尝本店新出的锅包肉、猪肉炖粉条嘞。”

4

细节决定了最终的成败。

读者的评论，你都看过了吗？他们的问题，你回复了吗？

你关注自己的文章点击率在什么时间段会暴增了吗？中午 12 点～下午 1 点？下午 4 ～ 5 点？晚上 10 ～ 11 点？

你手机拍的图片都修过吗？

图片在手机上能看清吗？

在电脑上写的文字，试过在手机上看排版吗？

写作这件事情，人人都是产品经理，既然内容大家都能写得出来，那你的差异竞争力又体现在哪里？

5

如果你觉得一开始不行，那你计划怎么做？

比如写作，先尝试连续写 100 天？在这个过程中去看关于写作的书籍？模仿你觉得写得好的“大 V”？

我们总是想找一些捷径，于是市面上就有大量的速成方法论教你如何快速实现目标。

如果你问我该怎么办，我又怎么可能知道呢？

不如带着方法论去尝试，看看哪些适合你，哪些你完全没有办法接受，认识自己的局限性。

你不擅长手绘，硬是要和我一样在文章里面画手绘，你这不是自己找罪受吗？为什么不试试去找图片？为什么不试试用 PPT 画图呢？

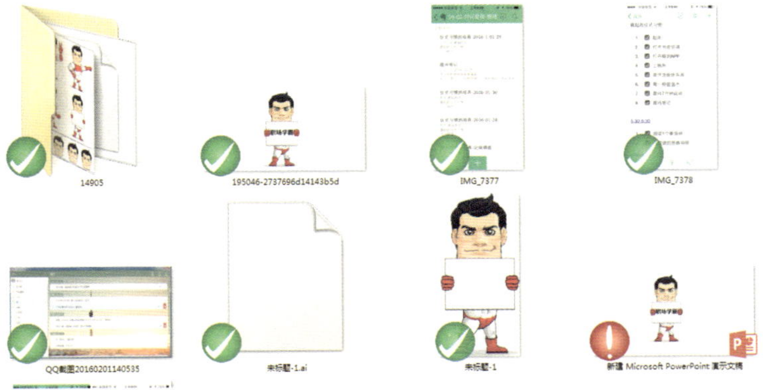

先用 AI 进行修改，然后放到 PPT 里面，再转成最终图片

一开始就给自己制订高难度的目标，很容易让自己放弃。一周读不完一本书，为什么不改成一个月读一本呢？如果能实现一年读12本书，能写12篇读书笔记，也已经是很了不起的改变了，这种积极的成果会让你在下一阶段有信心挑战更高难度的学习。

写作也是一样，一上来就一天一篇文章，你以为你是生产线吗？那些一天能写一篇的“大神”，是因为他们在过去的漫长时间里，有大量的存货。

所以，如果你觉得自己还不行，知道该怎么做了吗？

6

我们还没有努力到要拼运气的时候。

我们需要搞清楚自己的动机是什么，我为什么写作？

我也需要搞清楚别人看文章的动机是什么，他有什么样的需求，我的文章能解决吗？

如果我想让自己写的东西有更多的人来读，那我需要做什么？如果这个话题很多人都在写，我如何提高自己的独特性、辨识度？

当我决定要尝试，可以先把目标放低一点，获得试错的经验和小确幸的成就感；让3分钟热度变成持久的行动，从而形成改变自己的核心能力。

所以我理解的努力，并不是蛮干，而是像弯弓射箭，从脱靶到上靶，再越来越靠近红点的中心。这个过程不是说拉10万次弓，射出去 10 万支箭就完事儿了，而是每一次都进行总结和修正，参考别人怎么玩，调整自己的站姿，锻炼自己的臂力，确定自己真的很喜欢这件事儿……

我们顶多还在噼里啪啦一通乱放箭，离百步穿杨还远着呢！想趁群雄并起，成为黄盖就更是无稽之谈了。

如何靠写作谋生？

1. 读者的问题：如何靠写作谋生？

公众号后台收到读者的留言：没有正式工作，想通过写文章来谋生，但是始终写不好，努力了很久依旧没有效果，觉得很累，后面不知道该如何走，怎么办？

我简单用几个字回复：先活下来，再写作。

2. 写作前你要准备的两件事情

我们已经身处一个碎片化的时代了，这意味着你必须迎合这种碎片化的消费。

所以你不可能做到埋头写文章，一年不开张，开张吃一年。

一篇专栏文章现在的普通标准是 100 元 / 千字，你准备每天写多少字，你每个月能写多少字？

即使是很有钱的“罗辑思维”，他们采用稿件的费用也是 700 元 /1500 字，这在行业内已经很高了，但是你又有多少把握所写的稿子被采用呢？（反正我写了 3 篇，1 篇都没被采用。）

徐沪生住在上海，最近刚刚出版了他的第三本书《总有些路要独自行走》，他现在是自由职业者，靠写作的稿费生活。

他在决定成为自由职业者的时候存够了 3 年的花销，这些花销包括他自己的支出和他爸的医药开销。第一年写完了再写第二本，然后拿到第二本的钱，给自己机会写第三本……

“剽悍一只猫”在准备做独立采访人的时候，给自己的期限是 100 天。他带着自己的积蓄，用 100 天时间跑遍大江南北采访各路“大神”，最终自成一派，4 个月积累了 14 万粉丝。

我记得他在一开始做这件事情的时候说过：这 100 天之后如果没有成功，钱花光了，他还是会继续做英语培训。

你发现了吗，他们之所以敢独立，有两个特点：

第一，他们给自己攒够了“粮草”，即使没有收入，也能撑几个月。

第二，他们给自己的追求目标设置了期限。

一个没有风险意识和目标管理的职业追求是经不住现实考验的。所以你得先活下来，然后才能去争取更好的生活。

3. 能不能不写作？

试试将你拥有的技能做到极致。

我们总是喜欢追求自己没有的东西，但是并不珍惜我们拥有的。

佛家讲的“八苦”“求不得”是其一。

很多人都看到别人在玩业余兼职、自由职业、斜杠青年，觉得自己也可以学一点热门手艺，也想试试看。

但是最后的结果就像开头的那位读者一样，深陷“为什么他们都可以，我不行”的泥潭里面，没了方向。

为什么不做好自己当下的事情呢？

IT 界有个词叫“极客”（GEEK），先问问你自己，你现在做的事情有做到极致吗？

日本的小野二郎终生只做寿司，成为米其林三星厨师，被誉为日本的“寿司之神”；秋叶靠做 PPT 成为知识 IP“大神”；战隼老师连续挑战 300 多天，一天读一本书、写一本书评，成为知识管理专家。

你却端着碗，看着别人的碗，这不是浮躁是什么？

花钱学习的投资回报率最高，但前提是你得有钱。

“试试看”没有问题，试错和快速迭代本来就是做产品及做服务的方法论。

但问题是：试错需要时间，需要钱，需要有人指导。

你有这个资本吗？

说说我自己的故事。我 2015 年每个周末都在沪宁线上坐高铁去苏州、上海学习，一个月高铁费加公交费就需要好几千元，主题阅读的时候需要阅读大量书籍，一个月买书的钱都是 1000 元以上。

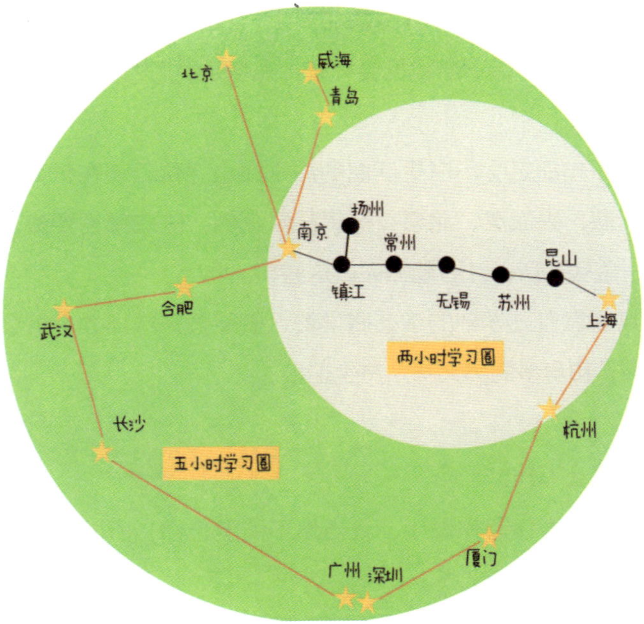

从 2 小时学习圈到 5 小时学习圈

这些费用自然是需要有财力基础的。即使我对学习的投资这么热衷，但当我面对托尼·博赞认证的思维导图讲师的培训费四五万元，视觉化专业的课程四天 4 万元，我还是扼腕叹息。

有多少钱做多少事。

4 万元的视觉化呈现，我上不来。1500 元两天的入门课，我可以上啊。

我学完先练半年，再拿着手艺去教别人，去附近城市上课，来回路费自理，一节课几百块也要上，我需要机会锻炼。要想手艺越来越值钱，得不断找机会打磨，光想是没用的。

我一年前是 2 小时生活圈的沪宁线小飞侠，现在扩大到 5 小时学习圈，去武汉、北京、杭州甚至深圳，这些都需要钱。因为挣了一些钱，所以才有能力去做这些事。

我在靠自己学到的手艺攒学费、攒路费，这样才有机会不断地学习，和更多的“大神”产生连接。

4. 怎么写作？

如果你要靠写作谋生，我当然不能阻止你，所以我只能给你一些不成熟的小建议。

少废话，玩命写。

有人问欧阳修怎么写文章，他说：“无他术，唯勤读书而多为之，自工。世人患作文字少，又懒读书，每一篇出，即求过人，如此少有至者。疵病不必待人指摘，多作自能见之。”

意思是说，没有什么方法，多读、多写就可以了。我们最大的毛病就是写得少，又没读多少书，写了几篇就想着要上首页。

我写了 40 篇书评才开始上首页好吗？！

很多人根本没有机会碰到运气，因为他们努力的程度连入门都没有，运气来了也够不到。

别挑活，“有钱就出台”。

要证明你写的东西能挣钱，就要玩命接活。

这里面要经历几个阶段：

第一个阶段，出版社送书给你写书评，说明你入行了，起码人家愿意送书并花快递的钱让你表现。

第二个阶段，写专栏，千字 100 元到千字 800 元不等。不要挑，因为你还不够资格。这个阶段如果你够拼，可以让你积累人脉和人气，一个月也有几千的收入了。（对，你终于靠写字挣到钱了。）

第三个阶段，出版社找你出书，签好合同，确认大纲范围，三五个月交稿。这比写单篇的文章需要更多的时间投入，你如果没有其他收入就想直接进入这个阶段，你要做好减肥的心理准备。

因为一本书要写半年，写完到新书上架又得 3 个月，版费是出版 3 个月后结算，再版是一年一结算。例如按 8% 的版税、首印 8000 本计算，我的新书《让未来现在就来——成为高效能行动派》一本书可以拿到 2 万元钱，还要交个人所得税。

《孤独小说家》就是讲一个作家和一群作家的落魄生活的，如果想了解靠写书挣钱是怎么样的生活，可以看看这本书。

写大家需要的内容决定了靠写作挣钱，就不能写自己喜欢的。

我常把自己比作夜间服务工作者，因为我只有下班后的时间可以用来写作。

在信息、服务、产品随处可得的今天，即使是简书首页的文章，也是 24 小时的周期。你今天写的文章，明天就会被忘记。

如何判断你的文章有价值？

一是你能占据读者的时间。比如“罗辑思维”每天早上 6 点半的 60 秒语音。他有 600 万用户，每天也就二三十万人会点击收听。你又有多少粉丝？这些粉丝又有多少人会看呢？

二是你的文章能节省读者的时间，优化读者的时间。比如一件事情我自己琢磨要一个小时，你一篇文章就能说明白，这就是你提供的价值。所以为什么我经常写的是方法论和经验总结的文章，就是从这个口子写大家需要的文章。

所以，收起你的自嗨，自媒体时代，你必须写读者感兴趣的、对读者有帮助的、能节约读者时间的文章。

5. 赚钱在写作之外

赚钱在写作之外，你要形成自己的个人品牌，写作只是输出的一个形式。

你的分享、你的专业咨询、你的微课，才是你的重要收入来源。

比如我利用写作积累的影响力，做线下分享、主题课程，提供专业化的定制服务，这些才是收入的来源。

而读者为什么愿意掏钱？是因为你有自己的独立 IP，已经和读者之间建立了一种信任，得到了他们的认可。

就像你开了一家店铺，吸引客人来玩是不收钱的，但是客人可以在你的店里选择性消费。

我们的目的只有一个：努力到别人无法忽视为止。

只是，你具备这样的能力了吗？

如果没有，你准备好去积累了吗？

每天更新文章，写作的想法从哪里来？

很多人在公众号后台感慨：小六，你怎么做到一天一更新的呀？你哪里来的那么多想法？

没错，文章就是表达一个观点或者一个想法的。

那我的这些想法从哪里来呢？

今天我们聊聊写作的源泉，来解密我的写作想法从哪里来。

1. 约稿

与其等着灵感来找上门，不如让别人给我出题。

所以第一种想法的来源，就是约稿。

专栏一般都会给定大概的主题和要求，然后让你自由发挥。

如果你不能主动找主题写，这种被动的方式确实是让你笔耕不辍的好办法。

2. 提问

产生想法的第二种渠道，就是别人向你提的问题。

有的问题可能并不是三言两语就能说清楚的，你可能要分一、二、三点，详细说清楚。

那这种情况下，一个好的问题就可以让你写出一篇好的文章了。

也正因为你是带着问题来写文章的，所以这样的文章很有针对性。

目的明确，在公众号和简书上就会很受欢迎。

3. 阅读

熟悉我的人都知道，我每天要求自己读一本书，可能略读，也可能精读经典书籍的某一个片段。

但不管多忙碌，每日获取书中新的知识会让我不断产生新的写作灵感。

就像你每天都和不同的“大神”交流一样。

所以大量阅读是一种很好的产出想法的方式。

那大量阅读能输出什么呢？

（1）RIA 读书便笺

三张 RIA 便笺：

第一张便笺：用自己的话重述片段内容。

第二张便笺：写你有没有遇到过类似的经历，或者你身边的朋友有没有遇到过，你有没有在哪里看到过类似的例子。

这张便笺主要是要你举出自己的例子，用你自己的经验和书中的片段产生连接。

第三张便笺：写你读完这个片段，今后会怎么做。

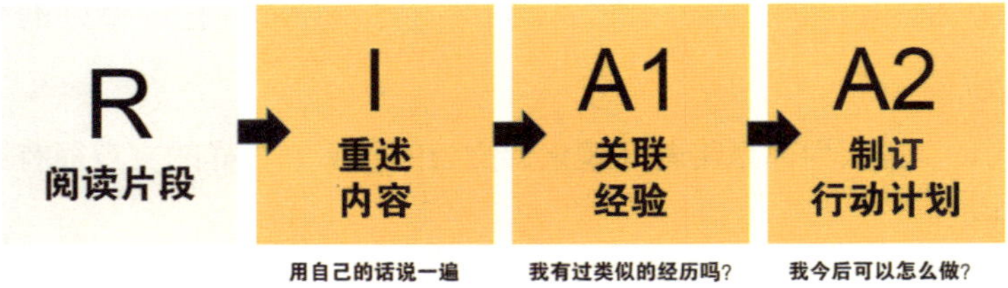

拆书帮 RIA 便签读书法

所以你看，三张便笺只要稍微扩充一下——有理论、有案例、有行动建议——就是一篇很好的文章了。

（2）读书笔记

读书过程中可能从一本书关联到别的书籍，所以随手记录下的笔记也是很重要的写作来源。

（3）书评

“罗辑思维”的节目经常围绕一本书来策划一期节目；樊登读书会里有对一本书的拆解方式。

我们也可以尝试，比如读完一本书，一篇书评可以有很多种输出的方式，我们不用从全局来写，选择其中一个点做突破口就好。

（4）主题文章

当你进行主题阅读的时候，一个主题可以衍生出很多个话题。

比如时间管理这个主题，可以衍生出拖延症、意志力、自控力、晨间时间管理。我甚至就上班前 15 分钟可以做什么，写出一篇热文：《上班前的 15 分钟，决定了你一天的工作效率》。

所以主题阅读会让你发现一个大富矿，你可以源源不断地挖掘新的想法出来。

4. 生活

生活才是我们写作的源泉啊！

（1）习惯

我们的习惯养成过程，成功的、失败的都是经验，都可以拿出来分享。

你看我写的：《如何在 21 天速效治疗拖延症晚期》《从学渣到学霸——我的 100 天阅读简史》《想要养成一个好习惯，你应该知道的四个常识》，这些都是我在习惯养成之后写的总结。

（2）学习

参加一场培训，你可以写；听一场分享，你也可以写。

学习的过程是一个新知识替换旧知识的过程，这个时候你的大脑往往是最活跃的，很多的想法自然会迸发。

而且分享是最好的学习，你的这些想法不正可以整理好，变成你的学习总结吗？

（3）工作

工作中总是会有各种各样的事情，比如某某同事做的一件事情很漂亮，你可以去挖掘他为什么可以做得这么好，我可不可以从中学习到什么。比如我写的《让你永远只是基层员工的 7 个坏习惯》，就是受我们客服部总监的发言启发。

工作中遇到了什么问题，为什么有这样的失误，等等。

工作就是一个解决问题的过程，而这恰恰是我们检验自己的能力的过程，也是我们记录自己成长的大好机会。

（4）恋爱

每个人的爱情都不一样，所以恋爱过程中你可以记录很多，比如沟通，比如相处。

爱情需要经营，而这个过程中你总结的经验和想法，恰恰是单身者最渴望看的。

（5）健康

运动会让我们的身体充满活力，精力充沛会让我们的大脑持续保持活跃。

一想到运动，就想到健康，想到积极的生活态度。

5. 灵感

（1）金句

比如秋叶老师说过："忘记做网红，做产品经理才是星辰大海"，让我产生了如何以产品经理的心态去做个人品牌的思路，比如《普通人如何找到自己的一技之长，并靠它赚到钱？》

我在一家咖啡馆看到一个广告板，上面写着："不要等到牛 × 了才开始，而是开始了才牛 × 。"这样我想起来，我们写文章的时候不也是应该抱有这样的心态吗？

（2）感慨

我经常参加线下活动，每次都看到来的职场前辈们比我们还认真，我就感慨道“你看现在越牛的人越努力”。

有了这句感慨，我就在想，是不是可以写出来呢？这样会让更多的人意识到这个问题，于是就出现了《为什么越是有能力的人，越是选择忙？》。

SUMMARY | 小结

▼ 写作需要我们敞开自己的心扉，像孩子一样对这个世界充满好奇。这其实是一件很难的事情，但是读完这篇文章，至少你可以开始察觉你的世界，留意你的想法。

憋了一晚上了，文章写不出来怎么办?

很多人都有这样的障碍：踌躇满志地打开电脑，结果写了个开头就进行不下去了。

我写不出文章基本上就两个原因，要么短缺、没货，要么短路、便秘。

今天就来给大家讲讲我是如何做到每日一更，滔滔江水连绵不绝的。

1. 短缺

巧妇难为无米之炊，短缺实际上就是你肚子里没货（素材）。

所以你可以考虑从下面三个角度去备货：

（1）金句

就是经常在书中看到的一些好的句子和段落。

不要放过它们，用便利贴摘抄下来，或者直接拍下来存到自己的云笔记中，这样写作的时候就能用得上。

（2）图片

生活中经常有一些有意思的图片可以给我们提供灵感。

当你对一张图片有感觉，不要错过它，将它收集起来。

（3）模型 & 框架

模型和框架就是帮助我们更加有条理地将事情说清楚。

比如你做工作总结，或者是问题剖析，你会怎么说呢？

如果巴拉巴拉不得要领，给你一个鱼骨图的“人机料法环测”的模型咋样？

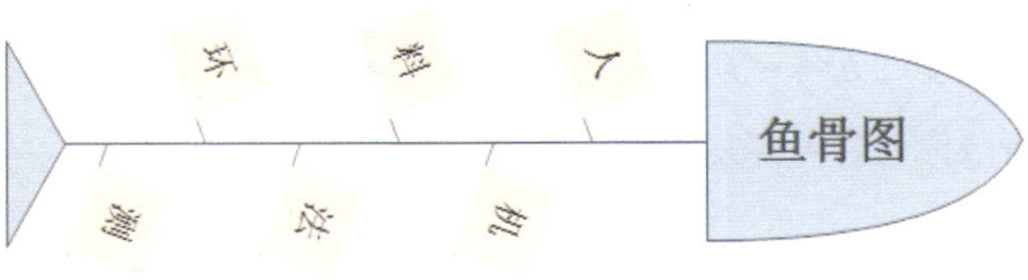

用这样的框架会不会清晰很多？

再比如我们经常用来做选择决策的 SWOT 四象限分析。

- 5W2H 用来说明一个事物
- SMART 做计划
- PDCA 做任务

- FAB 做介绍
- 六顶思考帽用来从不同角度分析问题

ORID 思考流程模型

每一个模型都是辅助我们思考的工具。有了这些工具，我们可以很方便地梳理自己的观点。

你关注什么，就会看到什么。

所有素材收集的前提都需要你有意识空缺，你才能关注到信息的价值，否则会被潜意识过滤掉。

2. 短路

短路更多的是自己外在的原因。

（1）身体疲劳

比如上了一天班，身体疲劳不堪，这时写作自然是很难有什么收获的。你可以选择做一些运动、散步、瑜伽、冥想，也可以冲一个热水澡。洗热水澡的时候身体和大脑处于放松状态，这时候很容易让灵感迸发。所以下次洗热水澡的时候，记得带上手机，一有想法乍现，就赶紧记录下来。

如果不方便打字，可以使用“讯飞语记”App，说出来，转成文字进行保存。

还有很多小伙伴说晚上写东西特别累，很难写。

我的建议是像我这样，写不出来就用纸笔先热身，这其实是左右脑交替休息的好方法。

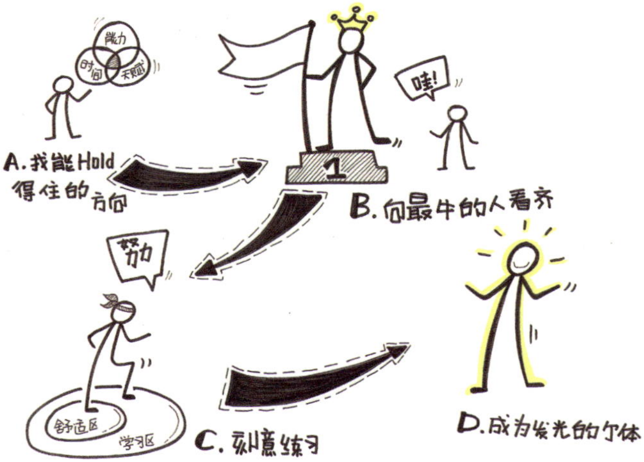

用纸笔替代写作

（2）多任务干扰

不要在写作的时候想着其他事情，也不要在做其他事情的时候想着要写作。

比如我今天晚上有一场分享，也有一篇不发就会被罚500元的公众号文章要发。

事情要一件一件做。

所以我分享没有做完之前，我不会考虑写作的事情。

而一旦分享结束，我立马忘记分享的事儿，投入到文章的撰写上。

这里特别提醒，如果你自控力差，就不要在家里写字。

远离你的舒适环境和生活居家的各种干扰源，到咖啡馆、图书馆去会让你更容易保持专注。

（3）拖延症晚期

拖延症是没有办法治疗的。

但你可以进行结构性拖延：这件事如果我不想干，那我就去看清单上的另一件事。

也就是给自己 if–then 的设定，如果这篇文章不想写，那我就……

这样起码能保证你不会因为不想写这篇文章，而去刷朋友圈和微博。

另一个治疗拖延症的方法，就是加入社群进行互助监督。

比如我为了让自己每日更新公众号，就请了几个小伙伴组成一个微信群，让他们监督我。

我说一天不更新，我发 100 元红包给大家，他们嗤之以鼻，说 100 元根本没有什么肉疼的感觉，一天不发就罚 500 元。所以我现在每天都会更新，因为这样我就能感觉自己每天都额外挣到了 500 元。

SUMMARY | 小结

▼ 我们今天聊了写作写不出来的问题和解决方案。

▼ 我们聊到了短路和短缺，短路就要求我们注意收集；短缺是让我们处理自己的外在事物。

▼ 下次写不出来，先找原因，问问自己为什么。然后结合咱们今天聊的话题，再试试看。

如何从零开始，3个月内写出一本书？

“这样的内容也可以出书？那我也可以！”

准备写一本书这个念头一定是你看了某一本书之后，忽然冒出来的。

不要放过这个一闪而过的念头，这说明你对这本书里讨论的主题有一些自信。

我们每个人都有自己熟悉的知识领域，所以尝试将自己的知识系统呈现出来，变成一本书，也是对自己的一次检验。

所以小六今天就来发这个大招，如果你有过上面我提到的念头，你可以照着下面这个步骤来试试。如果还没有，了解一下也无妨，起码你能知道写一本干货类型的书，到底需要具备什么样的能力。

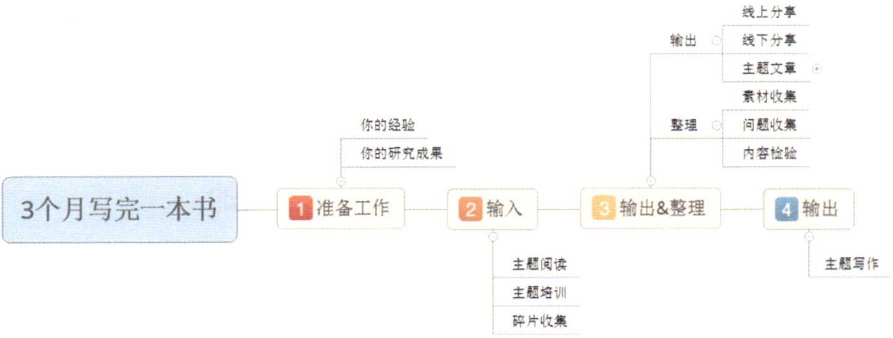

1. 准备工作：确定领域，限定范围

如果把写作当作一个项目，那我们在开始前，需要做一些准备，这些准备就是确定领域和范围。

怎么确定领域呢？

（1）你的经验

你先问问自己，最近几个月有人找你帮过什么忙，或者让你做过什么事情吗？

这些事情是你特别得心应手就能处理的，但是你发现别人做起来特别费劲。

我们每个人都有自己的专业和工作，也都有自己的兴趣和爱好。

这些领域有没有什么技能是我经常用来帮助别人的？

比如我现在就想到：最近很多朋友问我如何做项目管理，如何做进度看板，如何做资源分配。那我是不是可以写一系列与项目相关的话题呢？

（2）你的研究

除了你的经验和成果，还有一类是你的研究，也就是你现在正在学习的领域。

比如，我在朋友圈经常晒我的手绘练习笔记，就有人问我哪里可以报名学习。是不是我可以一边学习一边写一些手绘话题呢？

每一个专家都是从学生开始的。

只要你学习的东西比别人先理解，比别人先实践，你掌握的学习内容就与其他人形成了“信息不对称”。

而知识服务的本质，恰恰就是信息不对称。

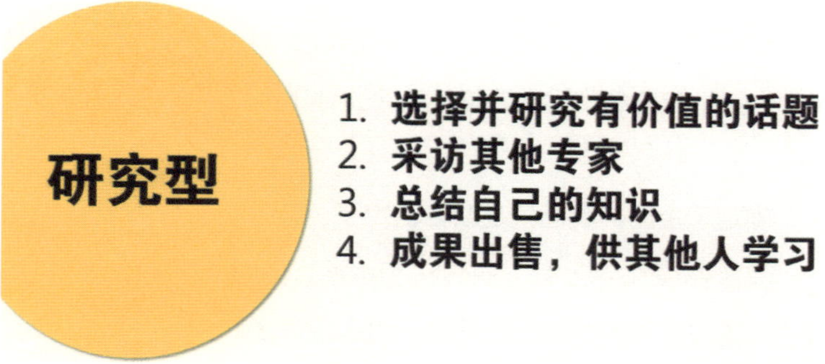

先在自己的经验区域和学习区域找主题，然后整理你这本书要解决的问题，比如：

“周末挣钱术——普通人如何做个人品牌？”

“每天多出 8 小时——职场时间管理术”

“出一本书很简单——如何在 3 个月内写一本书？”

“学什么都会——职场个人知识管理”

“男人不能不‘型’——3 个月如何练出人鱼线？”

我列举的都是我想要写的一些主题，你可以参考，起一些好玩的、有激励性的标题。

有了这个主题，我们才有了目标，接下来的行动才有方向。

2. 输入

当你确认了你要写的主题，不管是否有自信写得出来，至少你可以尝试一下在这次写作之旅中，巩固自己的知识体系，让自己变得更专业。

所以接下来的几个步骤，就是让我们对目标领域进行加固加厚，也就是我们经常讲的要构建这个主题的知识体系。

（1）主题阅读

确定了主题，我们只是给自己定了一个方向。

就像你现在手上有一些砖头和水泥，要将这些砖头建成一座房子，还需要你搭好房子的框架，再去找很多原材料来。

所以，这个时候，搭架子这件事情就用到主题阅读了。

关于主题阅读，受限于篇幅，我不做过多赘述，大概的步骤是这样的：

列书单

- 每一本进行检视阅读
- 建立基本的话题框架

- 根据框架到各本书中找观点
- 甄别和筛选各本书的观点
- 主题内容确定

主题阅读，最终会产出你对这个主题的知识体系和大致内容。

你可以将它变成一篇“主题论文”，这篇文章在后面我们特别要用到。

（2）主题培训

主题阅读只保证了我们对这个主题系统的认识。

我们还需要在网络上听听对这个主题很精通的“大神”们是怎么来分享这些内容的。

所以只要是网络上跟这个主题相关的分享和培训课程，你都要想办法去参加。

1 个小时的微分享课程可以让你知道一个大概，想系统地了解“大神”们是如何呈现自己的内容，还是需要去参加培训。

比如，我为了学习神田昌典老师的影像速读，上个月飞了一次广州，下个月还要飞一次深圳，学习 3 天，学费 8500 元。

学习是最好的投资，你要是觉得你花的这些钱后面赚不回来，你就根本不用考虑学。

（3）碎片收集

心理学上的色彩浴改变告诉我们：你关注什么，就会看到什么。

当你关注一个主题的时候，同样你会发现，这个主题相关的信息会主动在你的眼前冒出来。这个时候你要做的是，不要放过这些凸显出来的信息，你需要学会随时随地地收集。

手机端、PC、Web 端，都可以使用云笔记的插件来实施信息的收集。

3. 边整理边分享

最好的学习效果就是边学习边分享了。

所以不要等到你觉得自己收集得差不多了才开始做整理和分享，因为现在是信息大爆炸的时代，你永远也做不到信息全部收集充足。

最好的方式就是使用产品思维中的 MVP（最小可运行产品）理念：整理出最小可运行的产品就可以做分享了。

（1）分享

① 线上分享

实际上就是拿着那篇“主题论文”，通过网络开始做分享。

最开始的时候，你可以通过写文章的形式分享，比如在简书发布你的主题论文。

很多国外翻译过来的畅销类书籍都是在类似《经济学人》之类的杂志上发表文章，然后再扩写变成一本书。

所以这个套路我们也可以用。

先写主题文章，如果主题很大，我们可以挑选里面的分支，变成一个一个的话题来写。

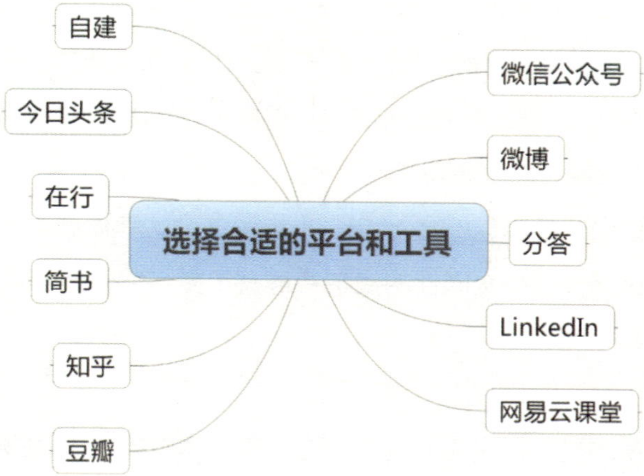

积累一些关注之后，你可以尝试和学习平台合作，在线上分享你的内容。

这时候你也可以以主题分享或者分支话题分享的方式进行。

这个过程需要你将自己的“主题论文”变成 PPT，所以要求你具备一些 PPT 功底。

什么？没有分享平台找你？你不会自己建吗？

比如“千聊”，比如“朝夕日历”，都可以自己创建分享平台，然后找几个小伙伴来听课，修正你的问题。

我一个人可以在“红点”开直播间，你们为什么不行？

② 线下分享

当你在线上积累了一些人气后，你可以尝试在线下做分享了。

现在每个城市都有线下的社群学习组织，你完全可以参与进去，然后想尽办法告诉大家你会这个主题，争取到分享的机会。

比如，我最开始参加的是拆书帮。在拆书过程中，每个人都有发言的机会，然后我就经常去，去得多了，我就申请成为拆书家，这样我就慢慢可以做专场了。

行动派、趁早、BetterMe、十点读书会、幸福进化俱乐部、吴晓波读书会……全国性的线下社群有很多，它们很容易在微博和百度上搜索到。

（2）整理

分享的过程，实际上是“检验内容 + 素材收集 + 问题收集”的过程。

① 内容检验

每次做分享，都是你直面将内容传达给读者，检验你的内容适不适合他们。

我第一本书里的内容，基本上都是在分享后完善得出的。

这里有一个小技巧，就是每次分享结束后，要在当天立即复盘。不要等到第二天，因为那时候你已经忘得差不多了。

② 素材收集

分享的过程也是素材收集的过程。

比如每次线下活动，我都会用到一个工具——便利贴。

每次活动结束前，我都请求大家写两个便笺：第一个是洋葱便笺，主要是写出本次分享需要改进的地方；第二个是苹果便笺，主要是写分享的亮点。

你收到很多建议，这些建议会让你的主题越来越接地气，越来越符合实际需求。

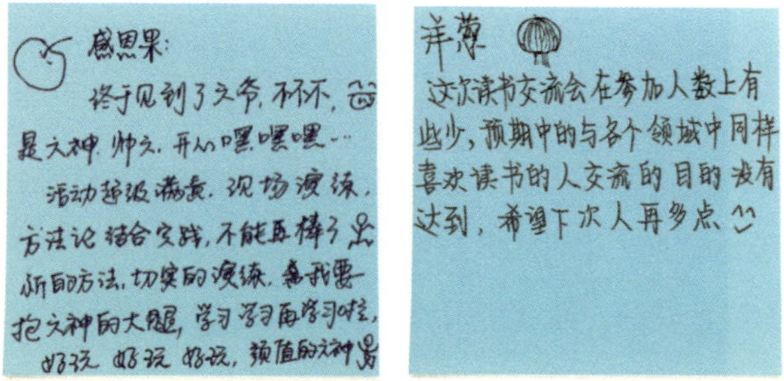

问题搜集

每次分享的互动问答环节，特别重要。

因为这些问题实际上是你在分享的时候往往忽略掉的，这是你完善自己的内容最好的时期。

特别是新书出版，如果你能在书中直接解决读者心里的疑惑，那你这本书就成功了。

“分享”和“整理”，两者是相互融合在一起的，有了这两个环节，你的主题内容就会不断循环迭代。就像原来只是一个胚胎，经过在分享和整理中不断地成长，慢慢有了“雏形”。

4. 输出：把它们拼成一本书

写作是一个体力活。

前面三个步骤如果你能走下来，你就会发现写一本书，只是临门一脚的事情了。

这个时候，你只需要提供你的主题框架和写一两篇样章，寄给出版社的编辑就行了。

什么？上哪里找出版社编辑？

如果你前面三个步骤都在实践，出版社编辑会主动来找你的。

出版社都是“老江湖”，会帮你筛选你现有框架中的不足。一旦和出版社确认，你就可以对这本书进行“立项”了。

“立项”是项目管理的术语，你需要确认整本书需要写多少字，有多少个章节、多少个分支，然后每个分支就是一个任务了，对这些任务来做期限计划吧。

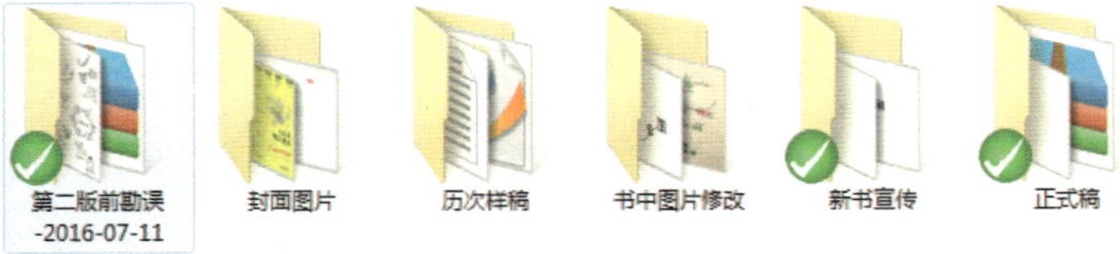

SUMMARY | 小结

▼ 好啦，写到这里，如何从零开始写一本书的步骤和方法都交给你了。

▼ 我们简单回顾一下：第一个月进行主题阅读，第二个月专攻分享，第三个月专攻写作。

价值 10 万元的 21 天知识管理课程总结

这篇文章的主要内容是我对结束知识管理训练的小伙伴们的一些建议，也希望能对你有帮助。

1. 最难的是开始第一步

我计划过无数次旅行，直到 30 岁生日的前几天，我看到了《后会无期》里的一句话："你连世界都没看过，哪里来的世界观？"

我心想，确实是！

于是第二天我穿着大裤衩、人字拖，就上了去东南亚的飞机。

虽然一路上遇到各种问题，但是却成了我最宝贵的旅行经历。

我们很多时候都是想得太多，做得太少。

还没开始，就担心会遇到这样那样的问题。

你就算问我，我也是那句老话："你想那么多干吗？你先开始啊！"

是啊，你只有开始走出第一步，你才会遇到第一个问题，然后你解决它。

继续走，遇到第二个问题，继续解决它……

所以，第一步是什么？

- 是一篇 140 个字的读书心得微博。
- 是你在朋友圈第一次发的听课笔记。
- 是你在微信群里做的 15 分钟分享。

这是最难的一步，因为你不知道下一步会发生什么，这需要勇气。

但也正因为这一步，你成了不一样的自己。

2. 时间是最好的“方法论”

在上海的斜杠青年论坛上，秋叶老师说，小六为什么可以成为斜杠青年，因为他毕竟 32 岁了嘛！

我忽然想明白了，所有的方法论，最后都归于“时间”。

我之所以现在能够逻辑结构清晰，干货干到硌牙，正是因为我有长达 10 年的 IT 职业生涯。

所以，你千万不要觉得，我学会了彭小六这么多厉害的方法论，我就厉害了。

错了，要变得厉害，至少也是一年以后的事情。

我昨天陪同秋叶老师一整天，其实我一直很激动。

因为一年前，我还是他网易云课堂里的一个交作业的小男生。

而我为了能和秋叶老师坐在一起吃饭、谈生意，我花了整整一年的时间。

你呢？你愿意花多少时间和你的“大神”面对面吃饭聊天？

3. 不要想你要学什么，而是别人需要什么

如果你要开始尝试做分享，不要只想着分享你喜欢的事情。

你可以看一下你的朋友圈、你的微博粉丝，他们的痛苦是什么，他们希望解决什么，他们希望得到什么帮助。

目前很多时事，都会出现爆炸式的信息不断地反转“剧情”的情节，这时你会想到：嗯，我应该分享有关批判性思维和水平思考的知识，这样大家就能更加清醒地看清楚这件事了。

知识服务的本质是信息不对称，你要比别人先察觉、先尝试、先理解、先分享。

而所有这些步骤，都有一个起点，就是发现这个东西他们肯定需要。

对，开店、做商人和做个人品牌就成了一个道理。

4. 个人管理的终极解决方案是项目管理

我们耳熟能详的时间管理、知识管理、沟通能力，其实在项目管理的范畴里都能找到，只是项目管理更大、更有体系。

那我们为什么不能一开始就去学项目管理呢？

一是它的理论太枯燥了。

二是项目管理需要长时间大量案例的积累，才会构建出个人的成熟认知。

	启动	规划	执行	监控	收尾
项目整体管理					
项目范围管理					
项目进度管理					
项目成本管理					
项目质量管理					
项目人力资源管理					
项目沟通管理					
项目风险管理					
项目采购管理					

项目管理 9 大知识领域和 5 个过程

不是说你靠一个项目管理工程师或者读几本项目管理的书就可以了，一个项目过程的所有类型，都是岁月磨出来的。

告诉你一个小秘密：秋叶老师之前做 IT，萧秋水老师也是，战隼老师是，我也是……

通常，经过这 21 天，你已经掌握很多技能了。

那接下来，你可以自己尝试挑战一下进阶的内容了，比如项目管理。

了解了项目管理的精髓后，你每天看到满大街的这些通用技能，在你眼中就是小儿科了。

5. 知识服务，就是要大大方方地挣钱

很多人羞于谈钱，好像觉得一扯到钱，本来要做的事情就变味了一样。

很多人喜欢做公益，做免费活动。

但是免费其实也有收益，比如你想在免费的分享过程中获取大家的反馈，或者你想打磨一下你的新课程，等等。

完全的公益，是很难持续下去的，因为你靠意志力和信念只能支撑几个月到半年。一年呢？两年呢？你还能坚持下去吗？

学会大大方方地挣钱，你才会更加理解商业的本质，才能知道自己做的事情有多少价值。

SUMMARY | 小结

▼ 一个课程结束，并不是说大家散伙各回各家，结业恰恰是新的开始。

▼ 武器、盔甲、护具都给你们准备好了，山门已开，该你们冲到江湖中去历练了。

听了那么多次分享，你自己准备什么时候上场？

你听了那么多分享，参加了那么多训练营，21 天、100 天、7 年、一辈子，你有没有问过自己，要学到什么时候才有勇气上场？

“不要等到自己变厉害了才开始。你只有现在开始，才有机会变得很厉害。”

不是一定要自认为学得很好了之后才去做分享，而是尽快开始！

那在什么时候开始呢？怎么开始呢？

我主要是从下面 3 点来聊聊如何实现做分享的步骤。

1. 单点突破

（1）这个苹果是哪个树枝上掉下来的?

你去听一堂 PPT 的课程，比如这堂课嘉宾在讲如何用好字体。

你学完了，顶多就知道在 PPT 用字体而已，那其他呢?

你一脸蒙：什么其他?其他还有什么?

如果你从秋叶的书中知道了 PPT 知识的体系，比如：

① 逻辑结构

② 字体

③ 排版

④ 图文结合

当你了解了这样的知识体系之后，你就不会停留在只知道“字体”这个分支层面。

你会有意识地去关注其他几个分支。

很多时候不是我们不会，而是我们不知道。

扯大了说，这就是格局啊，少年!

（2）从树枝到树干

如果把 PPT 的主题继续延伸，PPT 属于哪个领域呢？

PPT 属于演讲的工具，而一次高效的演讲具备的要素是：

① 内容

② 故事

③ 情感

④ 表达

⑤ 展示（PPT 在这里）

你看，这就是一个人的知识体系。

这就是你和我同样去听一个分享，我听完能变成自己的课，你只是听了而已。

分享者的知识体系被他不断地进行强化，而你的并没有，所以他从自己的知识体系中摘了一个点出来，你就只听到了这个点而已。

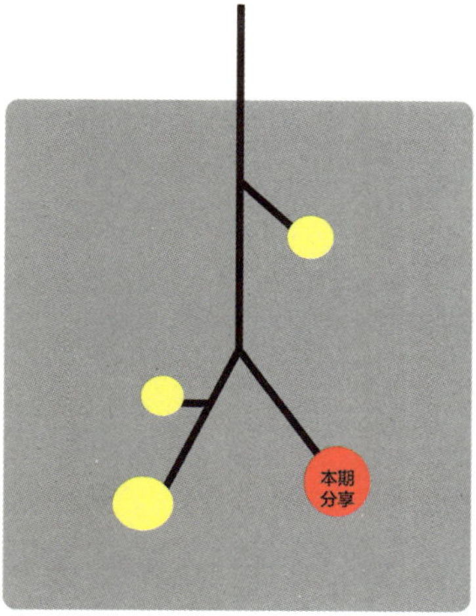

分享者知识体系

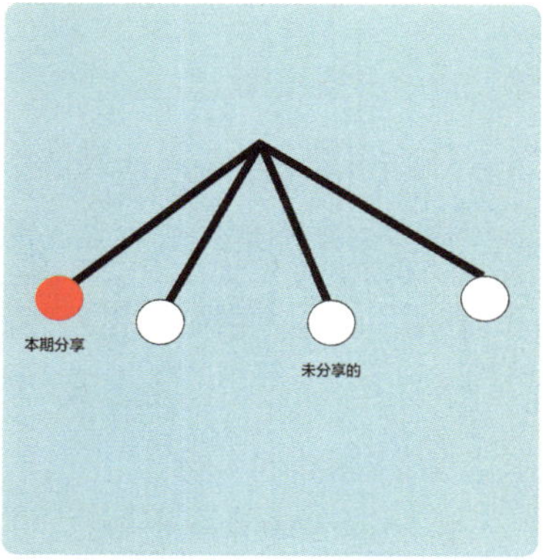

你的知识体系

这就跟读一篇文章的时候，你需要知道它属于一本书的哪个目录章节一样。

如果把分享者的分享内容比喻成一个苹果，这个苹果砸在你头上的时候，你要想办法搞清楚，这个苹果是哪根树枝上的？顺着这根树枝还能找到更多的苹果吗？

有人听完分享吸收成了自己的内力，有人只是知道了而已，差距就在这一念之间。

2. 小成本试错

当你捡到一个苹果后，是不是要穷尽所有的树枝呢？

就像你学完 PPT 之后，发现思维导图、结构思考力、手绘、时间管理、演讲、沟通能力、营销等这么多分支，你哪有那么多时间和精力去尝试？

这个时候，你该怎么选择呢？

最简单的方式就是：在掌握技能之前问问自己，如果我花时间花钱掌握了，有人愿意替我埋单吗？

怎么才能知道谁会愿意埋单呢？那就是小成本试错。

在你没啥名气、技术还不娴熟的时候，就开始做分享吧！

来一场小范围的、免费的甚至贴钱的分享，让大家来听你的课，然后收集反馈。

比如你学会了思维导图，那就在朋友圈发出活动要求，在线上或者线下免费提供培训。

或者你觉得场面还是把控不住，那就用直播平台，录成语音做成视频，然后分享出去，看看点击率和评价。

如果你觉得上面还是太难，那就写成文章，用文字来教这堂课。

还有没有更简单的？那就是发一条朋友圈，说我要学 ××，学完可以教大家，感兴趣的私聊！看，众筹你都学会了。

3. 快速迭代

快速迭代也是产品思维的概念。就是有了 MVP（最小可运行产品）之后，通过试错，快速更新自己的属性。

什么是 MVP？就是功能上不能再少了，再少就不算产品了。PPT 只懂字体就不算高手，如果你懂了全套，哪怕都只是略懂，你的 PPT 技能也算一个 MVP。

那快速迭代有什么好处呢？

你就想象自己是在练习射箭，每射出去一箭，你都会去总结力道有没有问题，你的“姿势”对不对，风力的因素是不是要重新判断……

人家可能一个月瞄准一次射一支（别笑，很多人一个月都读不完一本书），你把频率提高到一周一次，这就意味着你的总结和实践比别人快 30 倍。

这就是为什么《如何阅读一本书》很多人都读过，但是我可以用来做分享，你却不行。因为我每天都在用一本书做练习。战隼老师用了 300 多天，每天一本书，每天一篇书评，奠定了他在“江湖”上高效阅读者的专家地位，就是在不断地迭代。

所以这也就解释了为什么我要这么勤快地做分享，我要进行快速迭代，让我分享的知识不断得到打磨。

我有一次跟幸福进化俱乐部的 CEO 易仁永澄开玩笑说，我的时间管理模仿了你的“掌控每一天”的内容，我把我的 PPT 截图给他。他笑着说，这已经是很早的版本了，现在已经更新好几回了，要最新的找 × × × 。

你看，快速迭代让你的核心竞争力根本没人能够模仿。

因为你永远在更新，别人永远在模仿过时的东西。

SUMMARY | 小结

▼ 你要掌握从一个苹果到一棵树的“从点到面”的学习方法。

▼ 建立自己的“小树”（最小可运行产品）之后，就进行分享，去小成本试错，看看哪些是别人愿意埋单的。

▼ 只有通过快速更新，才能让你的核心技能处于不败之地。

▼ 仇勇在《新媒体革命》的第一页有一句话：

“信息掌握的能力和处理能力，已经成为你在数字世界生存的新的等级资格考试。”

这也是一场没有监考官、自己命题的考试，你准备好了吗？

PART 5

个人品牌：普通人如何从零开始打造自己的个人品牌

05

很多时候不是你做不到，
而是你不知道。
你不知道，
你就看不到目标，
就更别提做到了。

你会做自己的个人品牌吗？

1

“喵爷”的粉丝破 10 万的时候，我刚把“职场学霸”的公众号停止运营。

我换了一个以自己名字命名的公众号，就叫“彭小六”。

然后我同时给关注我的朋友们发了一条简短的信息，标题是：你是否愿意和我重新来过？

我想告诉所有想和我一样的人，我错了。

错了就赶紧改，然后继续走，这是我理解的“执着”。

2

我有一个成都的朋友，她是 IBM 的数据库高级工程师。她的梦想是做一家餐厅，可是她的职位又不太可能直接辞职不干。

于是她在靠近市中心的位置租了一层楼的两个套间，利用周末时间，开始了自己的周末餐厅运营。

所有的客户都是身边的朋友，或者朋友的朋友，所有的就餐都通过微信朋友圈沟通预订。

我去成都旅行的时候，恰好是周末，就去找她。不巧的是她中午刚好接待了一个团队用餐，我就不依不饶想加塞。

最后她答应下来，条件是我自己排盘端菜盛饭，11 点开吃，保证在预订中午用餐的客人来之前就吃完，然后自己收拾餐桌。

她的餐厅主打泰国菜，每次端菜上桌的时候，她才有机会跟我说上几句话：

这道菜里面的原材料是从泰国直邮过来的。

你看，那个佛像很重，是我从东南亚硬扛回来的。

……

整个餐厅就她一个人，迎宾、厨师、店长，打扫卫生。

你很难想象，她在工作日对着满屏幕代码的模样。

但是在她那家不到 50 平方米的小店里面，我看到了她一直开心地忙着。

那天我好像找到了自己的向往。

3

我想回到原点。

一周一本书，是一个“自嗨”的过程。

每周读一本书，写一篇读书笔记。

长达 40 周（快一年）的时间里面，我尝试将读过的书都写下自己的感悟。

这种感悟今天读起来虽然很稚嫩，但是却很真诚。

那是一种自己和自己的对话。

就像我做菜给自己吃，我想做多辣就做多辣，我想乱炖就乱炖，不用顾忌别人的感受。

所以你会看到那个时期，我用思维导图，用读书 PPT 拼图，去超市采集案例来验证书本的内容。

好玩、有趣、自嗨。

在这个过程你会喜欢上写作，因为它让你快乐。

4

既然你不知道，而我恰好知道，那不如我讲给你听。

我在 2015 年 9 月写下第一篇与 PPT 相关的知识管理文章。

在一个微信群里面，很多小伙伴对 PPT 的知识不是很了解，微信里的短信息方式又不利于阅读，于是我就写了那篇文章。

那是我第一次尝试将“隐性知识”转化为“显性知识”。

而这种转化的过程就像我的吉他老师第一次教我按弦拨弦：你需要拆解成每个手指怎么动；一个一个来，然后把动作连起来；忘掉动作，用眼睛看谱子，不要去看自己的手怎么动……

从那天起我尝试写了大量的这种技能“拆解”的文章。

我在分享中也对自己的知识做了大量的整理，我的知识体系结构越来越清晰，我感到充实，有力量。

这个过程我也发现，自己原来习以为常的能力都需要做矫正练习，包括思考、阅读、恋爱。

这是我坚持写干货类文章的原因：我写出来，是因为我想知道自己是怎么想的。

5

我是一个产品经理。

我当然关注流量、点击率、关注度。

那些读者数据让我能够很清楚地知道自己写文章、做第二职业的状态，所以我围绕“流量”投入了大量的时间。

我开始做线上线下的分享，我从沪宁线的两小时生活圈扩大到 5 小时，周末我可以去武汉、杭州、青岛、北京、厦门等地接咨询。

参加秋叶老师的知识 IP 训练营，系统地学习社群运营和个人 IP 成长；接专栏，写领读连载；接线下的系列课程，每周固定去上课；兼职的收入占总收入的比例越来越高。

本周

- 05/19 周四　5月19日 移动OA项目-提交试用期报告
- 05/19 周四　5月19日 企业内部培训 PPT训练
- 05/20 周五　5月20 下午3:00出发去杭州
- 05/20 周五　5月20日 晚上8:00-9:00 [redacted] 买时间
- 05/21 周六　5月21日晚上 BetterMe营分享
- 05/21 周六　5月21-上午到下午 杭州 andy的阅读课
- 05/22 周日　5月22日 下午 BetterMe杭州线下活动-你的每日时间管理

下周

- 下周四　5月26号晚上 连谊Linkee 时间管理的分享
- 下周六　5月28 全天 苏州 拆书帮 财商分享课

下月及以后

- 06/03　6月3日 晚上20-21点-新加坡趁早社群 《如何成为高效能的行动派》
- 06/04　6月4-5 周末两天 去周庄 麦子咨询课
- 06/18　6月18 下午 无锡 永中老同事聚会
- 06/25　6月25 苏州苏汇读书会 新书签售和主题分享

我的斜杠日程表

我把自己打造成一个产品，就像一家店铺一样，客流量和营收都在计划内稳步提升。

这难道不好吗？

6

不好的事情是，我发现精力跟不上了。

我发现我和亲爱的读者沟通的时间越来越少，在评论区回复他们的时间缩短了。

我原本每天早起会有一个小时的阅读时间，现在我需要写专栏，我要为新书画插画，我要为线下的课程做教案。

我很久没有跑步了，因为在重要紧急的衡量四象限里面，运动都是排在后面的吧。

我为了线下的全民阅读课，错过了好朋友“541”的婚礼。

我和死党们的聚餐从 2015 年拖到 2016 年，每次他们即兴约我吃饭，我都要推迟两个月。

我没有时间约会、谈恋爱……这一切开始不那么有趣了。

7

那我以后会怎么样呢？当然还是会继续写。

但是我更多的是在学习，学习带团队、学习做分享、学习做IP。

我记录的是我斜杠青年的历程，但是这些不是我生活的全部。

后面还是会做分享。

但是我将这个过程变成“游学”，比如去一个地方做分享，一定奔着那个地方有一次听课学习的机会，而我又恰好有一点本事可以赚回路费。

我从自己做菜给自己吃，到现在开了一家店铺招待客人。

这条路没法退，就像很多人已经办了会员，你没法关门不干了。

但我一个在职的人，也没法做到门庭若市。

既然只能做深夜食堂，那不如像我的那位在成都的朋友那样，开心最重要。

所以我关心的，是我们能否成为朋友，你会不会偶尔来我的小店，小酌一杯。

我懂得了这些，才开始月入 6 位数

1

我在线下和小伙伴们分享利用业余时间码字月入 10 万元的故事。

当我把一条一条的现金流渠道梳理给大家看的时候，很多人惊呼，原来还可以这样！

对，原来还可以这样。

很多时候不是你做不到，而是你不知道。

你不知道，你就看不到目标，就更别提做到了。

这就是我为什么一直在连接各种“大神”和平台，因为他们经常会给我带来“我想不到”的信息。

2

你想要什么，就拿你有的去交换。

为什么别人能早上 5 点钟起来打卡学习英语、读书、运动，而我不行？

我下班后累成“狗”，根本不想再学习了，怎么办？

我总是坚持不下去，做事情不专注……

以上的这些问题，如果用“交换理论”来分析，其实就是一个“价值权衡”的问题。

你愿不愿意拿你“1 个小时的睡眠”换“一本书的知识”？

你愿不愿意拿你“看网剧的时间”来换“一次技能练习”？

你有什么，你想要什么，你愿意换吗？

成人的世界，没有对错，只有利弊。

能不能交换，愿意不愿意交换，其实就是你的价值观在权衡了。

3

穷人思维是：我就这么多，我要省着花。

我 30 岁前的金钱观是，我每个月挣了这么多，我要掰碎了花。

于是每个月都给自己做预算，想想除去房租、生活费、水电费、伙食费，剩下的我该怎么花。

而现在我会想的是：我现在有多少，我能用这些钱去种哪些种子？

我手上有的这些可以和别人一起合作来产生更大的效益吗？

富人思维是：我如何用钱生钱？

就像一个苹果，30 岁前我考虑的是切成几瓣，怎么省着吃；30 岁后，我考虑的是这个苹果可不可以换一棵苹果树。或者，我可不可以拿我的苹果在高端水果店上架售卖，卖出比在菜市场高几十倍的价格。

比如我现在有 20 万元，我考虑的是如何用这些钱变成种子，所以我会用这些钱去进修，去参加专业认证课程，这样才有机会将 20 万元变成 200 万元。

SUMMARY | 小结

▼ 我在30岁前，还一无所有。

▼ 30岁后的几年时间，我的财务状况在持续改善。

▼ 我之所以能做到，首先是思维方式的转变，然后是改变我的行为。

· 去连接更多的人和信息，突破自己的认知局限，知道了才有机会做到。

· 你要看看自己有什么，然后你是否愿意拿着“你有的”去交换“你想要的”。

· 学习富人思维，学习让钱生钱。

▼ 我的经验微不足道，但是我想推荐一下一些已经实现财富自由的“老司机”的干货：

· 罗振宇的“罗辑思维”

· 李笑来的《把时间当作朋友》《七年就是一辈子》《通往财富自由之路》

· 吴晓波的“吴晓波频道”

如何利用业余时间来挣钱？

1

周六，又是离开自己的城市，成为周末自由职业者的一天。

白天我和苏州的小伙伴一起讨论一个线上课程的设计——一个月的技能养成培训课，这是第二期了，我们准备这次扩大到50人，费用比第一期翻一倍。三个人抱团做，各司其职，平均分成。

晚上在常州生活书店做一场手绘类的分享，两个小时很快就过去，合影结束之后，我就匆匆和小伙伴们告别，踏上了回程的高铁。

两个小时的课时费加上来回的路费，虽然不多，但是也和我上班一天的收入差不多了。

路上接到书店老板的电话，手绘系列课程当场就有十几位小伙伴报名了！这样从 4 月开始，我每周六晚上在常州都有一期系列课程了。

回到自己的城市，到家已经是晚上 10 点了。

打开电脑，我的稿费和版权费又到账了几笔。

你看，周末能挣不少钱，还能见到很多新的朋友和“大神”。

2

我写这篇文章时，我在想，我是从什么时候开始变成现在的周末高铁侠的呢？

又为什么会从一个朝九晚五的三线小城的小职员，变成一个半自由职业者呢？

很多小伙伴觉得自己受制于环境，因为这个，因为那个，我没有资格劝说，但是在看完岸见一郎的《被讨厌的勇气》和阿德勒的《自卑与超越》之后，我被其中一句话深深“鸡汤”了。

“人们时常在选择过自己的生活，你把自己说成不幸的人，还说要马上改变，甚至说想要变成别人。尽管如此还是没有改变，这是为什么呢？那是因为你在不断下着不改变自己生活方式的决心。”

你之所以无法改变，是因为自己下了“不改变”的决心。

3

有一天我忽然看到一个活动帖，发现是在苏州，但还是毅然决然地出发了。这是一个很小的决定，却让我纠结了很久。

来回高铁加上市内交通可能要花费 4 个小时在路上，活动两个小时，一天就过去大半了，真的值得去吗？为什么不在家里看看书、晒晒太阳呢？

既然我没有办法改变生活环境，至少我还有机会去选择改变自己。

但我们好像都缺乏改变的勇气。

4

李笑来老师在做一个“7 年就是一辈子”的社群活动。

他解释自己过去 7 年的经历：

第一年拼命学习，拼命适应。到了第二年，已经习得了最基本的技能，就拼命地成长。到了第三年，收获。第四年呢，收获。第五年呢，收获。第六年呢，还是收获。第七年干什么？休息。

我用第一年的时间习得了最基本的技能，今年是我的第二年，我也在拼命成长。

回到我们今天的主题——如何利用业余时间赚钱，其实更需要问的一个问题是：“你是否已经具备了某个领域的基本技能和拼命成长的动力？”

5

要想成为周末的自由职业者，你需要建立自己的品牌，也就是要让大家知道你具备什么样的能力，能提供什么样的服务。我们现在经常提自媒体，然而，大部分人都很难打造自己的个人品牌。

那难在哪里？

- 缺少“金线”感。具备对想要树立品牌领域的专业品位，不要没有知觉的质量要求。
- 缺少“技能”。创建个人品牌，你要的是复合技能，而不是单一技能。
- 不知道“抱大腿”。要懂得借助平台给自己造势，去抱行业和“大神”的“大腿”。

· 不擅长小胜换大胜。利用碎片时间，做一件事情可以主动实现几个目的。

· 不要端着。接地气才能让别人快速接受你。

· 不要玻璃心。想做个人品牌，就跟开店一样。我爸常说，开门做生意，就要做好面对各种“牛鬼蛇神”的准备。如果你只喜欢点赞，不喜欢差评，你做不了个人品牌。

6

我现在开始能一点点变现了，我觉得这对我来说是一件好事，对我身边的朋友也是件好事。

因为这让我们都能感受到，努力是有回报的，只是早一点和晚一点，多和少的问题而已。

秋叶说：“如何衡量一个人有没有能力？就要看他有没有赚钱的能力。不要和没有钱的人一起谈人生，谈来谈去，谈不到点子上，反而浪费时间。”

学会让自己具有周末挣钱的能力，你准备好了吗？

普通人如何找到自己的一技之长，并靠它赚到钱？

有个小伙伴提问：“像我这样兴趣广泛但平淡无奇的人，如何找到自己的一技之长并精心打磨呢？”

当然，她的第二个问题更具体一些：“如何找到自己的一技之长，并靠它挣到钱？”

今天我们就来聊这个话题。

1. 我们都是普通人，但都有机会

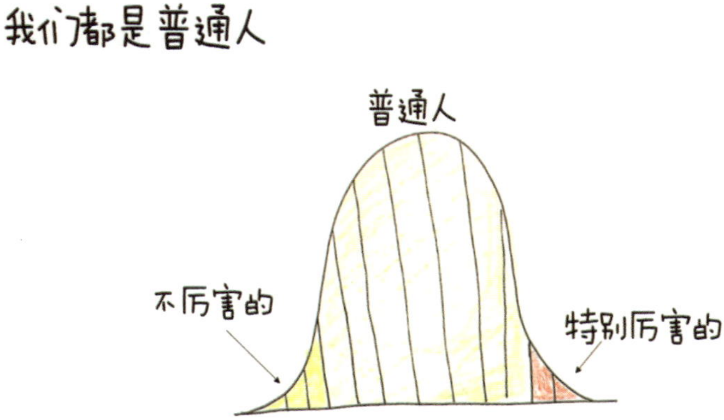

首先要确定的是：我们大部分人都是普通人，最厉害的和最不厉害的只占非常小的比例。

在职业生涯规划中，有 3 个至关重要的因素需要我们考虑：

- 心智，是我们如何看待和理解这个世界与自己。
- 能力，就是我们安身立命的技能。
- 资源，就是我们和外界连接的方式。

当你提出了类似文章标题的问题，实际上第一要素“心智”已经在接受新的变化和挑战了。

而第三个要素，人与人的连接更多的是资源互换。也就是你有什么能力，我有什么能力，我们可以互相交换一些什么。它的基础还是第二个要素：能力。

所以我们今天就关注能力——如何能让我们挣到钱的能力。

2. 三个要素确定你要学什么

那学什么样的技能让自己变得不一样并能挣到钱呢？

很多人都有这样的困惑，每天朝九晚五，普普通通，忽然觉得自己要改变生活状态，想学习，想靠自己的知识能力来挣钱。

那学什么呢？

学什么其实不重要！

找能力、天赋和时间都能够把控得住的方向才重要！

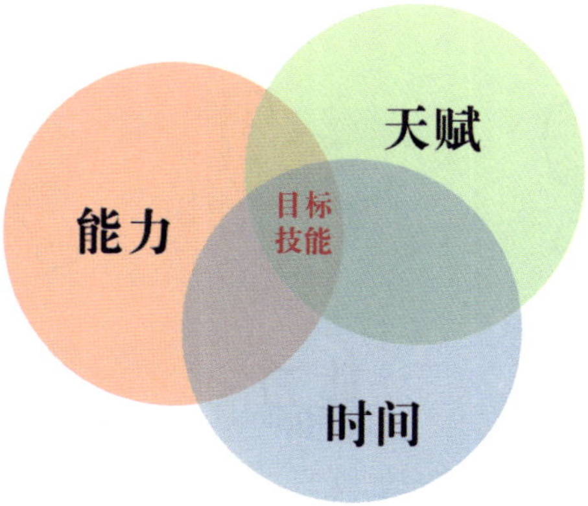

也就是说，首先你自己已经具备了一些基础能力，然后你发现自己有这方面的天赋，最后你又在时间上可以持续投入。

很多人说找不到自己的天赋。

天赋其实就是做一件事情你自己很轻松就能搞定，别人却很费劲。

比如你写文章很烂，但是你打游戏是好手。不管什么游戏一天就能通关，这就是你的天赋。

比如我选择阅读和手绘来作为自己第二职业的“一技之长”，

首先，因为我从小就喜欢画画，只是高考的时候被家长逼迫放弃了而已，我也从小就喜欢读书；其次，我小时候的作文和手绘得到过老师的认可，外人认可我的天赋；再次，我有时间，我可以利用周六、周日的时间去做这方面的学习，参加类似的培训。

我直到去年 9 月才知道自己可以写文章变成小网红，上个月才知道我可以靠教别人涂鸦来挣钱，所以选择什么技能来作为自己兼职挣钱的能力并不重要。

重要的就看这三个方面：时间、天赋、能力的交集都有哪些技能可以挑选。

3. 远离舒适区

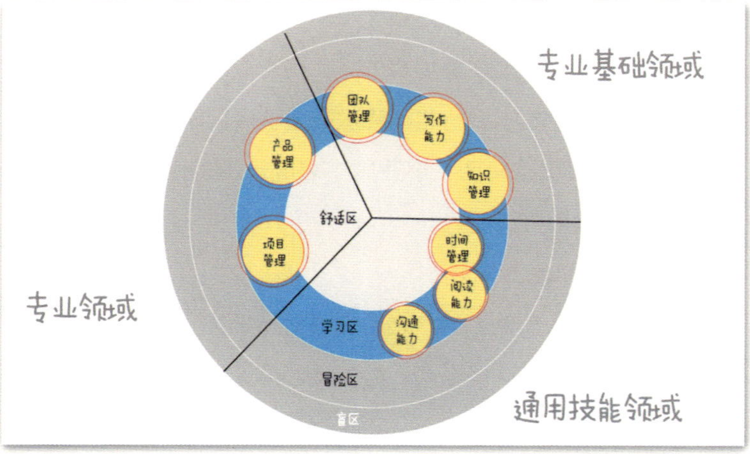

你老是做同样的事情，翻来覆去几遍没有新意。

说明你已经习惯在舒适区，你的心智模式已经开始僵化了。

比如知识管理的分享课，我每次讲完都会进行更新，有一次我晚上做分享，早起的时候看一个“大神”（忘记是谁了）的公众号信息，忽然想到了一些，于是立马将原来准备的PPT全部废弃，用手绘的方式全部重新画。

晚上的分享自然有一点生涩，因为加了很多新东西，所以对我来说，这就像蜕皮一样，获得了新生。即使刚开始有点脆弱，但是随后会比原来强大好几倍。

4. 模仿高手

既然选择了某个领域挣外快，那就要想办法成为这个领域的顶层人物。

（1）确认当前的高手是谁

搞清楚这个领域现在最厉害的是哪些人。

比如我要做PPT，我肯定要瞄准的是秋叶团队的“大神”们。

如果我要做思维导图，那业内有名的思维导图老师和社群老师都有谁，我需要搞清楚。

（2）观察和模仿

确定了这些人员的名单，之后就是偷师学艺了。

关注他们的微博、公众号，关注他们每天发布的信息。

想办法去参加他们的课程，买他们的书籍，听他们的在线分享。

现在你可以很容易找到你要模仿的“大神”的咨询和活动信息，把握这些机会。

“偷”他们的内容，搞清楚课程怎么做；向他们提问，想办法搞清楚为什么要这样做。

在这方面，秋叶值得我们年轻人学习。他的《社群营销》《网课创业》都将自己做课程产品的过程事无巨细地悉数呈现出来。他说这种开放的方式并不会让别人抢了他的饭碗，反而会让整个生态更加成熟，让大家都拥有更多的机会。

所以“大神”们也不怕你模仿，因为他更新快。但在我们还未形成自己的品牌的时候，这种模仿能节约我们很多试错的时间。

5. 刻意练习

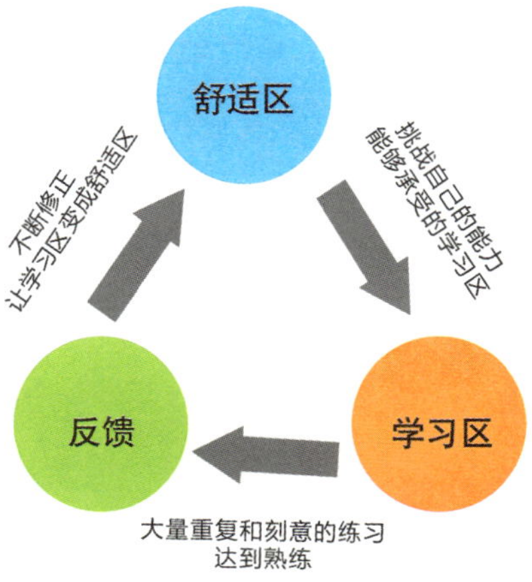

如何成为一个很厉害的人？

神经学科早已用实验证明，大量的重复练习和刻意练习会让大脑产生新的神经突触（synapse：两个神经元之间或神经元与效应器细胞之间相互接触，并借以传递信息的部位），并不断变得强壮。神经突触就像是大脑里的道路，重复刻意的练习会让这个通道变得越来越宽，越来越高速。

比如李叫兽在他的文章《为什么你那么努力，却从未拥有自己的知识体系》里面讲一本神经心理学的书籍中有这样一句话：

“人的爬行脑（控制人的欲望的那部分大脑）更加喜欢视觉化的信息，而不是抽象的信息。”

这句话如此之简单，任何人看完、学习完甚至把它背得滚瓜烂熟都不会超过 5 秒钟。但是他却当场学了 1 个小时以上。

他在刻意问自己：“我遇到的哪些现象可以用这个理论来解释呢？”“如果不找出至少 5 个现象我是不会罢休的。”

让自己处在一个不舒服、费点劲的学习状态，就是刻意练习的状态。

6. 发光吸引别人

经过上面4个步骤，相信你能很快在你的朋友圈变得闪亮起来，你会让越来越多的人知道“你在某一方面是一个厉害的人”。

那通过哪些途径能让别人知道呢？

· 写作：写作能带来大量的曝光率和流量，通过写系列文章，让你在网络上树立自己的专家形象；你也可以关注领域的相关公众号，通过向他们投稿来扩大知名度。

- 听课：尝试参加相关主题的分享活动，如果你还不能上台，那在台下听课一样有机会展示自己的实力，比如做一份非常专业的听课笔记，然后分享出来。

- 分享：如果有社群来找你做分享，一定要好好利用上场的机会。我人生第一次分享是在“十点读书会”的 100 天阅读训练营的结营分享会上，只给了我 15 分钟，但我知道这样的机会有多难得，所以我准备了写逐字稿，打磨 PPT，用了整整一个星期。

SUMMARY | 小结

▼ 普通人如何找到自己的一技之长并用来挣钱呢？

有下面几点：

1. 找到自己的时间、天赋和能力的交集。
2. 找到这个技能的业界“大神”。
3. 模仿他们，向他们靠拢。
4. 刻意练习，不断从舒适区跳进学习区。
5. 发光吸引别人，让别人知道你这个能力很厉害。

▼ 经过上面 5 个步骤，相信你会很快找到自己的斜杠技能，靠自己的知识来挣钱。

▼ 这个过程你会遇到很多障碍，但只要坚持投入，不断更新，相信你能够承受和面对。怎么样，要不要准备去试试呢？

想要业余时间挣钱？你必须知道的3个条件

很多小伙伴问我，你在上班，你哪里来的时间和精力去做斜杠青年呢？

其实我之所以能利用业余时间挣钱，是因为下面三个条件：

1

说第一个条件之前，先说两个小故事。

半个多世纪前，日本在侵华战争的同时开辟太平洋战场，和美国死磕，后来结局大家都知道了。希特勒也犯了同样的错误，就是在还没搞定英国之前，就急匆匆开辟东部战线和苏联死磕；后来在东线冻成狗，被苏联反攻几乎全军覆没。这种就是当前敌人还没搞定，就忙着找新敌人最后被狂虐的教训。

做斜杠其实就是工作之外重新开辟战场。

很多小伙伴刚工作一两年，跟我说不喜欢自己的工作，想做斜杠青年。

斜杠青年的第一个条件就是本职工作已经妥妥的了。

你连本职工作都做不好，你还想做斜杠青年？

你以为你上班没有掌握的技能，你做斜杠青年就能掌握了？

说得简单点，上班就是给别人打工，斜杠青年就是一边打工一边自己开小卖铺。

情商、沟通协调能力、产品思维、服务思维、财商、组织管理、行动力、执行力、自律……你告诉我，哪一样你在工作中锻炼不了？

不要让斜杠青年成为你逃避工作的借口。

我工作 10 年，做了 8 年程序员、3 年项目管理、2 年培训。

现在上班收入稳定，就算我一个月不写，从此不做斜杠青年，我的生活也不会受到影响。

我现在才有一点点自信和技能来做斜杠青年，就这样还要被骂肤浅，说我写鸡汤，你想想你会面临什么。

2

做斜杠青年的第二个条件是：做让自己不舒服的事情。

做自己喜欢的事情谁都会，凭什么别人还要给你钱？

而斜杠青年在做的事情，除了自己喜欢，还有一个很重要的因素就是“让别人爽，让自己不舒服”。

比如我的“阅读写作知识管理训练营”已经开到第四期，我要是图舒服，我每期讲一样的就行。

但是每一期我都会推翻原来的内容，重新整合设计。

这样一来，每一期课程都变成了重新开发，都需要大量的时间准备。

但是我必须这么做，为什么?

因为做斜杠青年就是做产品、做服务，需要你不断地精进。

信息更新速度太快了，一个新的知识三个月就会被大家所熟知，你奔跑的速度就得是你工作时的几倍。

要更新快，要对自己现有的存量舍得下狠手。

这些都会让自己不舒服，但不舒服才有活路。

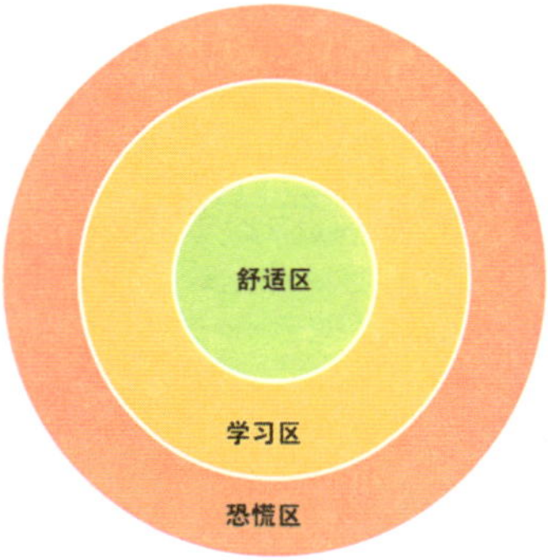

如果你做的事情一直在舒适区，你就是在浪费时间

3

最后一个条件是保证自己有充足的精力。

我们每天只有 24 小时，出去上班、回来睡觉，剩下的顶多也就五六个小时的业余时间。

所以，做斜杠青年，需要你学会精力管理，学会断舍离，学会轻断食。

说通俗一点，就是在做服务的时候“激情四射”，在生活中成为“性冷淡”。

你知道我为什么算精力管理的专家了吧？因为我“久病成医”啊，我每天都在想办法提高自己的工作效率，想节省一点点精力。

意志力、自控力和专注力就像是一块电池，你每天能用的就那么多，所以你只能将精力放在你感兴趣的、对你有价值的事情上。

所以你理解我为什么从来不写热点了吧。

因为这种信息半衰期太短，一周就结束了，我要关注的是半衰期长的，一个月甚至一两年都还能被我调用的知识和技能，比如运动、阅读、写作、手绘等。

如果你没法判断，那就选给你产生持久影响力的事情去做。

做斜杠青年，你要给自己的单位小时定一个价格，你就能知道自己做的很多事情值不值了。

SUMMARY | 小结

▼ 做斜杠青年必须具备的 3 个条件：有能力、有精力、有时间。有了这 3 个条件，你才可以开始考虑扩大自己的影响力，建立自己的人脉圈。

如何从零开始打造自己的影响力？

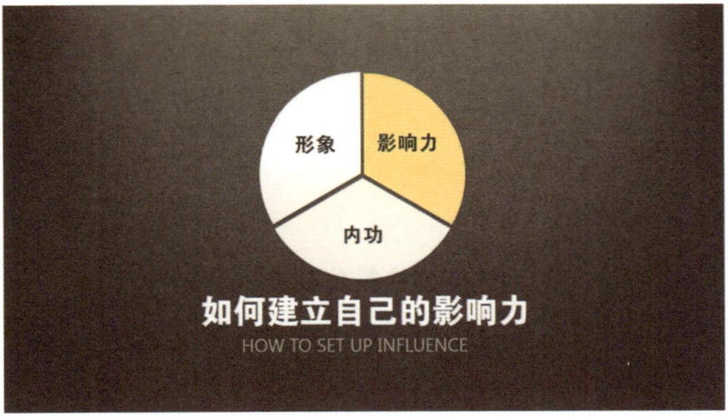

从2015年9月之前的无人问津，到现在我的日程排到两个月后，我在快速成长，并在网络上迅速积累了自己的人气。

你或许听过别人的分析和讲述，今天换我自己尝试分析一下成长路程。

如果你也想在网络开始做个人品牌，或者已经在路上，希望今天的内容能给你提供一些行动参考。

1. 贴上标签

贴上个性化标签

三线城市

我在三线城市工作，却在周末去一线城市学习，这种方式给很多小伙伴启发，原来待在三线城市也不会变成“废柴”嘛。

有一次上海的朋友和我开玩笑，说我们两个早上同时从家里出发，他住上海，我在镇江，我们到达活动现场所花费的时间是一样的两个小时。

普通上班族

我就是一个普通的上班族，从程序员慢慢爬到部门经理，一部分是“狗屎运”，一部分也是自己不断学习摸索的过程，这里面有很多的经验可以提供给大家。

30 岁

30 岁前应该干什么？30 岁这个坎儿会面对什么，我们这些 80 后最有发言权了。

《影响力》一书中讲到了一条影响别人的法则，叫“相似性”。

所以我用上面这 3 个标签来告诉大家，你看，小六就是一个很普通的男孩子，没有什么特别，只要你也能应用方法，坚持做，你也可以做到。

2. 打造爆款

标签只是外在属性，更重要的还是你的产品，也就是你能提供的内容。

运气没来之前，我们该干什么？

我在简书上最开始写的是“一周一本书”书评。

更新到第 30 周的时候，才有一篇文章点击率过万——《如何用 30 分钟读懂一本书？》，这是第一次出现爆款。

等到《别学东学西了，先建立自己的知识体系吧》这篇文章的阅读量终于突破 10 万，成为真正的爆款时，我已经写了近一年了。

用正确的方法去做，
不能保证你成功，
但能极大地提高爆款的概率。

为什么要一日一更？

《逆向管理》这本书中说：“我们不能直接创造一些非常有创造性的工作，因为我们时常无法控制自己的灵感。”

我们能做的就是做好需要做好的部分，那就是每天按照一定的系统去做事。

如此一来，在某些时候，灵感就会来临。

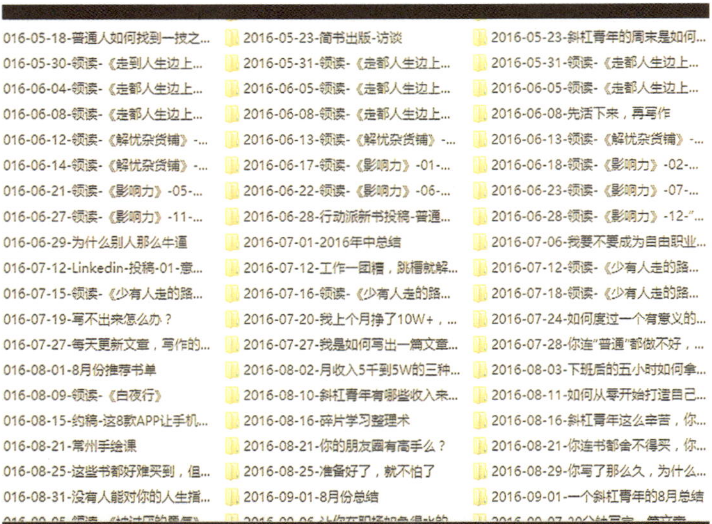

一日一更，找机会爆款

那什么是“做好需要做的事情”呢？

一是保持每日更新的节奏，让自己的写作肌肉保持持续的活力。

二是平时利用云笔记，注重素材的搜集，这个我在知识管理系列文章和课程中都重点讲过。

所以日更就是为了等待灵感降临，那一刻，倾泻洪荒之力，突破 10 万一蹴而就！

3. 多平台占位

没钱也上场

“酒香不怕巷子深”，这句话在现在根本行不通，因为你躲在巷子深处，满大街都是酒铺，人家根本不会注意到你。

所以不如把自己想象成在一个大广场上，所有的人在搭台唱戏。

有的站在大舞台上，有的站在小舞台上。

你没有任何影响力，你要做的就是不断寻找登台的机会。

这种机会一般都是搭台子的人（公众号平台）找你的，所以别在乎 15 分钟还是 1 小时，也别在乎有没有打赏或者出场费。

多平台占位

把每一次登台都当作一场训练，你就会觉得就算不给钱也是赚了。

我在最开始的时候，几乎和所有的学习平台都合作过，因为免费、活好又卖力，所以登台的机会越来越多，被大家所熟知也就不奇怪了。

在大腿上跳舞

我们经常说抱大腿，你们考虑过大腿主人的感受吗？

所以我们不仅要抱大腿，我们还要在巨人的大腿上跳舞。大平台、“大V”、“大神”、“大咖”，我们有机会一定要多认识，但这种认识是带着你的产品去提供价值的。

有“大腿”们的背书，你才会有更多的机会、更大的舞台。

我在2016年5月加入秋叶老师的IP训练营之后，有幸认识了国内做活动的一群知识IP，在他们的帮助下，我才可以从原来的沪宁线扩大到全国范围内的活动圈。

4. 系统化输出

从微课到系列

让自己成为专业化知识 IP 的第一步，是开始做微课分享。一堂微课也有生命周期，所以需要从微课升级到系列课程。

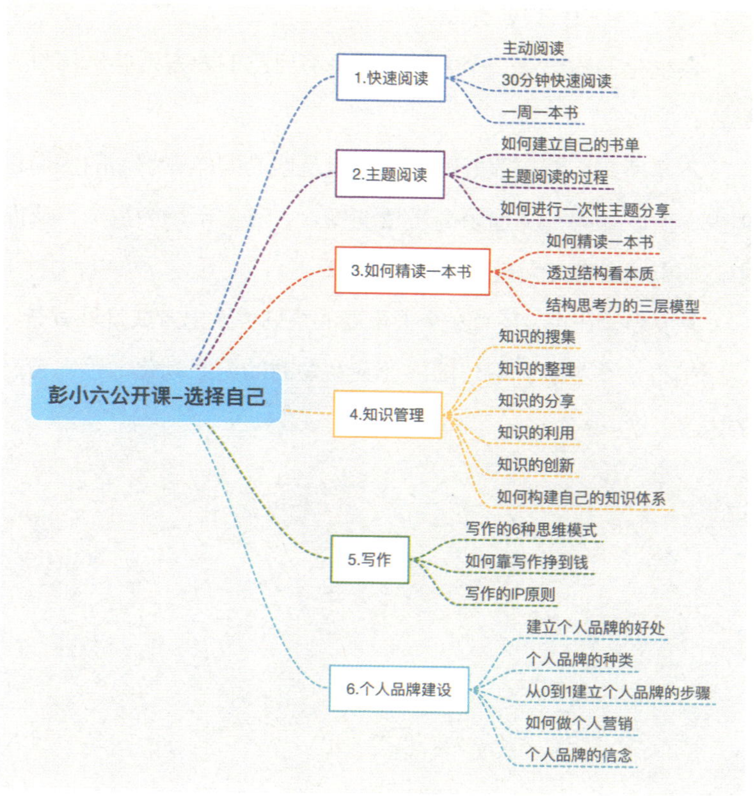

从初阶到高阶

我最开始的微课就是《30 分钟速读》，而现在以阅读为基础，涵盖了“输入—整理—输出”的全过程。

我是被逼着这样做的，因为平台跟我说：“你的微课虽然好，但是你已经在很多平台讲过了，而且微课也不太容易变现，你想做系列课程吗？”

我说：“想！只要有钱。”

系统化的输出第二个方向，就是将自己的内容延伸到初阶、高阶。

不是所有人都有很好的基础，但是他们同样有学习的热情和需求，所以如果一味追求高质量的受众，其实市场会很窄，反而中低端市场会带来大量的流量。

从文章到出书，还有一个很重要的系列化输出方式就是写书。

围绕一个主题，写作能够让我在短时间内系列化地输出自己的内容。

SUMMARY | 小结

▼ 如何在网络上提升自己影响力的 4 个步骤，总结一下就是：

1. 贴上大众标签

2. 按部就班，等待爆款

3. 多平台占位

4. 系统化输出

▼ 经过以上 4 个步骤，慢慢形成自己的影响力势能。

▼ 影响力就像滚雪球一样，原始的积累会非常累，但是时间越久，复利效应就会越明显。

▼ 影响力其实也是别人对你的信任力。

▼ 你做的所有的事情别人都在看，让我们一起努力，且行且珍惜，加油！

连“普通”都做不好，你还指望“成功”？

1. 读者来信

您好，六哥！关注您很久了，真的很羡慕您！

我是一名 ××，但我不甘心只是一名 ××，一天忙到晚回到家就快累死了，却做着一些机械的没有创造性的事。现在就可以看见十年后的自己，可我又不知道该怎么样才能走出去，真的很想听听您的建议！谢谢！

2. 西西弗斯

希腊神话中的西西弗斯受到惩罚，诸神要求他把一块巨石推上山顶。

由于那巨石太重了，每每未上山顶就又滚下山去，前功尽弃，于是他就不断重复、永无止境地做这件事——诸神认为再也没有比进行这种无效无望的劳动更为严厉的惩罚了。西西弗斯的生命就在这样一件无效又无望的劳作当中慢慢消耗殆尽。

我们很多人都觉得自己是西西弗斯，我们日复一日重复着单调的工作，在这里面消耗自己的生命。

萧秋水说：“我们大部分人都是普通人。只是有些普通人，既不愿意吃苦，也不愿意付出，但却想着要不普通的生活。”

3. 我们连普通的工作都做不好，却在扯成功

我以前配眼镜，都是找几家眼镜店挑选一个镜框，校验眼睛近视度数，然后交钱拿货走人。

但前两天我去配眼镜，眼镜店的销售小哥在销售过程中 3 次提高我的购买预算，而我都欣然接受。

这是为什么呢？

他在整个接待服务过程中一直表现得不像一个销售人员，更像是一个文艺青年。衣着清爽，自己戴的眼镜和脸型非常搭配；他会观察我现在戴的眼镜款式，然后根据我的要求，快速找到几种样式；他会根据我的脸型和发型给出镜框的款式建议；他居然会摆弄仪器，花了 30 分钟帮我详细测量眼镜的度数、散光，并给出平时用眼的注意事项；他会拿出两种不同折射率的镜片，用实物对比的方式告诉我，为什么另外一种镜片要贵一两百，以及为什么推荐我购买。然后当他知道我在商城的书店做活动，就主动说可以帮我送过去，解决了我坐着干等的问题。

他还宣传他们店铺的二维码，告诉我，他们经常会做一些用眼主题的知识分享……

不知道你听我说完是什么感觉，反正我全程感受到的只有两个字：专业。

4. 就算 50 年都只做一件事，依然可以成“神”

纪录片《寿司之神》讲述了一个这样的老人。

现年 93 岁的小野二郎是全球最年长的米其林三星大厨，被称为“寿司之神”。

在小野二郎的店里做学徒，首先必须学会用手拧毛巾。毛巾很烫，一开始会烫伤手，这种训练很辛苦。

但你没学会拧毛巾，就不可能碰鱼，然后，你要学会用刀和料理鱼。

10 年之后，他们才会让你煎蛋。

“我练习煎蛋很久了，以为自己没问题，但在实际操作时，却不断搞砸。他们一直说‘不行，不够好’。”

10 年的基础训练完毕，小野二郎的徒弟中泽终于够格煎蛋，却发现自己似乎永远无法达到师傅们的标准。

他又花了 4 个月，经历 200 多个失败品后做出了第一个合格的成品。

当小野二郎说“这才是应该有的样子”，终于承认其为“职人”时，中泽高兴得哭了。

现实中我们往往等不及，只想着速成。

我们想在 21 天就学会一项技能，我们渴望 100 天就能成为专家。

我们从事日常的普通工作，然后看到网络上的红人在日进斗金，我们抓狂了，喊着“明天我也要”！

褚时健，一位 90 岁的老人，到云南里的大山里包了一个农场种橙子，一种就是 10 年。

黄铁鹰的《褚橙你也学不会》推荐大家去看看，里面其实也只说了两个字：专业。

5. 既然自己只有这份工作了，那就把它做到极致吧

清洁工算得上是一份普通的工作吧？

新津春子，是被誉为“世界上最干净的机场”的日本羽田机场 500 名清洁工的现场监督之一。

清洁工在社会上的地位并不高，但新津春子不介意。

“既然自己只有这份工作了，那就把它做到极致吧！”

她能够准确快速地分析出污渍的产生原因和组成成分，根据不同清洁剂对不同污渍的去除能力，以及在不同材料上的作用特点，进行选择与搭配。不仅如此，新津春子善用工具，并且还参与清洁用具的开发。

影片中拍摄了一段她处理不锈钢饮水台的过程。

她必须利用强酸洗液去除饮水台上粘着的漂白粉。但如果强酸停留的时间过长，则可能导致腐蚀，反而使不锈钢失去光泽，所以她需要做到的是抓准临界点，在溶解掉漂白粉的同时迅速冲掉强酸洗液，让饮水台恢复以往的锃亮光泽。

你也许看明白了，她的工作已经远远超越了清洁工的范畴，而是在干技术活。

所以，连“普通”都做不好，你还指望能出人头地？

SUMMARY | 小结

▼ 我们都是普通人，都在从事一份普通的工作，但是我们不甘心普通。这是一个很好的驱动力，请利用好它。

▼ 用你这种渴望取得成功的动力，去行动——先让自己养成“专业”做事的习惯，而不是在那儿想。

▼ 褚时健先做酒，后做红塔山，现在又做褚橙，每一样都能成功，原因在于他做事情较真儿，追求专业。

▼ 每次当我想偷懒，当我想停一停或降低一下标准的时候，那些“大神”就会提醒我：连普通的事情都做不好，你还有什么资格谈成功？

我要不要做自由职业？

受行动派的邀请，我从南京飞广州、深圳五天。

最后一站，我带着对斜杠青年和自由职业的困惑去南山拜会萧秋水“教主”。

虽然经常在微信上聊天，但为了尊重她宝贵的时间，我再次约见了她。她也提前让我提供了一些个人信息以及我的课程资料。

见面的地方定在了她家，6 月的深圳一会儿暴雨一会儿天晴，我们一边吃着岭南新摘的荔枝，一边开始了聊天。

1. 我为什么会红？

这是“教主”问我的第一个问题。

“可能是出了一本书吧。”我不好意思地说。

“教主”说：“那是一个引子，更重要的是你身上的标签。”

“标签？”

“对，你身上的‘三线城市斜杠青年’的标签，这个标签让很多年轻人看到希望，满足了他们对新的活法的期望。”

我心想，原来如此！然后说出了自己的焦虑：“最开始我给自己定了一个简单的目标，就是周末挣的收入如果超过工资两倍，并持续6个月，我就考虑自由职业，”我解释我的计划，“但是，6月忽然一下子炸起来，我最多一个晚上就达到了这个量级，我对这种突如其来的快速发展比较惶恐，我不知道这种状态是否能持续。”

“你想过有一天你不红了吗？”“教主”笑着问我。

“有啊，所以我感到焦虑。”

“焦虑很正常，有困惑说明你现在的状态在上升，在改变，”“教主”跟我解释道，“比如微课现在很火，但是当大家都习惯了这些内容之后，会对其他内容和平台感兴趣。你要具备的是快速的迁移能力，而不是守着现在的成就。当一个新的平台和知识出现之后，我们能花3～6个月时间快速地掌握它，这种快速适应的能力才是核心技能，这也是我们做知识管理的最厉害的能力。比如我在学摄影、播音，我还在学习做视频直播，都是在用知识管理做快速学习和适应。”

现在学的这些技能过几年很快就会被淘汰，为什么还要去学？因为这个过程中，快速学习、快速适应能力才是我应该追求的。

2. 我是不是可以离职做自由职业？

“教主”说：“考虑一个问题，做一个决策之前，之所以我们会迷茫，是因为我们没有把问题考虑全面。比如你要离职做自由职业，那今后房子买在哪里？家安在哪里？你不能说你跑到深圳来做事，却把房子买在镇江。再比如，未来你的另一半支持你吗？

丈母娘支持你吗？你到深圳，每个月的固定支出要多少钱你搞清楚了吗？房租、办公场地这些固定开销你了解过吗？如果你辞职，你经常分享的职场方面的素材怎么获取？我工作了 20 年，我虽然不在职场，但是很多职场的朋友经常找我聊天，我能吸取源源不断的素材，你想过自己离职之后，这些写作的素材从哪里来吗？”

做一个决策，就应尽可能把这些方方面面的事情都考虑一遍，尽管有的部分一开始不会成熟，但是只要你考虑到了，你就会留意它，找机会不断让它变得成熟。

我听完想到了经常用到的“人机料法环测”的问题模型：

人：亲人、朋友、伴侣考虑好了吗？

机：物质条件够吗？

料：支持日常生活的资源、写作的素材有可靠的源头吗？

法：已经掌握了熟练的方法来谋生吗？

环：能适应新的环境吗？

测：能保持自律吗？

把这些问题都想一遍，想得越清楚、越全面，决策出错的概率越低。

光想着让别人直接给答案，是懒人思维啊。

3. 我会不会冲撞到你的市场领域？

我比较唐突地问了第三个问题。

我说：“你们是知识管理的‘神级’人物，是知识管理的品牌人物，你也知道我也做知识管理的课程，我会不会冲撞了你的市场呢？”

“教主”笑了：“怎么会呢？大家都是有差异化的，更何况你教的知识管理和我的层级还不一样，我根本不和你在同一个层面。知识管理的真谛就是生命力，你只有经历了人生百态、生死离别之后，你才能积累生命力。这个是没有办法通过学习、练习得来的，是需要时间的历练来帮助你的。再比如秋叶，他一直在帮助大家一起把 PPT 的市场做大，因为市场越大，大家的机会就会越多，大家差异化地去定位自己的客户，根本不会存在竞争。”

我听完心里的石头落了地，也为自己的小格局感到不好意思。

原来我现在的知识管理体系，还停留在“术”的阶段，而“教主”已经上升到“道”的阶段了。

这也让我对知识管理有了一个全新的认识。

比如今天开项目例会，我就意识到，我们讨论、整理这些项目信息，不就是一次知识管理的过程吗？

收集、整理、分享、利用、创新——大道至简，融会贯通。

SUMMARY | 小结

▼ 萧秋水一直在通过提问和分享自己是如何做的来引导我自己得出结论，除了上面三个核心的问题，我最后总结出了自己下一步行动的一些想法：

▼ 1. 做个人品牌，就是学会做商人

做商人，就是不断衡量收益，放弃原来的一些合作伙伴的过程。

比如你原来 800 元可以上一天课，现在你的时间成本已经很高，这时候就需要挑选服务对象，考虑收益和成本。

在商言商，不要觉得不好意思。

▼ 2. 跨界心态，尝试在工作中获取自己想要的素材

萧秋水说，既然你有了成为自由职业者的念头，不管现在是否离职，你都需要利用你现在在岗位上的时间做一些事情，这时候你要带着学习者的态度，去看你的老板是怎么做事情，怎么做决策的。

因为自由职业者就是一个人的公司，你既是总经理，也是前台、财务，所以你可以利用在职的时间，细心去观察你现在的公司是如何运营的。因为这是自己开公司最宝贵的一手经验。

▼ 3. 循序渐进地实现自己的自由职业梦想

不要一下子离开舒适区，进入冒险区，而是在舒适区和冒险区的中间地带——学习区去尝试。

比如如果要往一线城市发展，可以先考虑上海。因为上海离自己最近，而且也经常去活动，人脉、资源都有积累，可以让自己最开始起步的时候，有可以依靠的环境。

等适应了之后，再去广州或者深圳尝试发展。北上广深都游历过了之后，这会成为个人很重要的一段经历。

靠码字月入 6 位数，我的自媒体创业路线

如果你一生只有一次翻身的机会，就要用尽全力。

有一年我坚持写了 40 万字。

这些文字，都是我下班后利用业余时间去阅读，然后结合自己的经验和学习成果整理出来的。

从写读书笔记到内容创业，我这条路走得极其艰难。

既然艰难，就说明有经验可以分享。

所以和往常一样，我将自己的内容创业路线全部公开，你可以模仿，也可以参考。

1. 建立根据地

· 建立根据地就是先试着建立自己的写作主题。

· 找出自己擅长的知识或者技能，再看看这里面哪些是自己喜欢的。

· 最后看看现在市面上有哪些热门的主题。

3 个部分重合的，基本上就是你的写作主题的方向了。

关于写什么，V 先生在他的文章《最新出炉 | 简书作者排行榜》里给了我们很好的建议：

① 写什么？“三教 × 九流”：简书上的文章不外乎“生活、工作、学习”三教，“学术思辨、故事、诗歌、时评、随笔、科技工具、书影音、新技能 get、吐槽”九流，两者相乘看看你想写哪类题材，又擅长写哪类题材，心里有个数。

② 实在憋不出来的话，到微博上搜搜今天的最新时事、热门话题，写个小评论。

从以往的观察看，这样的文章上首页和获赞的机会都蛮大的。

③ 据我观察，工具和整理帖、励志和情感小故事，这两种比较受简书的用户群体欢迎。

在《畅销书潜规则》这本书中，作者提到，一本书能不能畅销，其实在定主题的时候就知道了。

比如一本项目管理的书，卖个 1 万册就已经算畅销书了；但是一本青春类的文学书，因为主题热门，卖 2 万册很稀松平常，5

万～ 10 万册才算畅销。

所以如果你的主题不是热门主题，你对阅读量要有一个心理预期。

如果你觉得好像很多个主题都可以写，那最好的办法就是都去写写看。

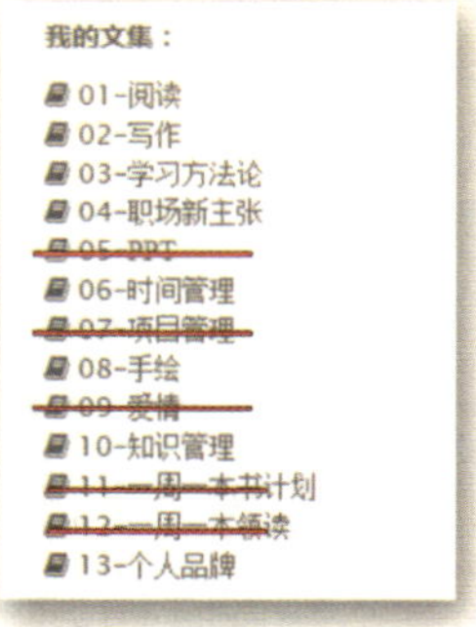

不停试错，找到方向

每写一篇文章都是一次知识整理、构思、呈现的训练过程。即使你觉得写得烂，训练的过程还是完成了，你依然是有进步的。

再不济，你去看看我一年前写的文章，你就立马信心满满了。

2. 寻找没有人走过的路

既然是热门主题，那就意味着在内容上你有很多东西是和别人相似的。那就不得不提到差异化竞争了。

如果你已经写了很久了，那我会推荐你看《定位》《品牌竞争》之类的书籍。

但是如果你才刚开始写，我觉得你只要做到模仿就可以了。

寻找没有人走过的路，大概可以用“守、破、离”这三步来解释行动的步骤。

守：去深度模仿，模仿你最喜欢的作者的写作风格，如果想要系统学习，就买他（她）的书，参加他（她）的微课或者培训，甚至可以去约见他（她）。

任何技能的学习和创新，都建立在深度模仿的基础上，如果你连基本的套路都掌握不了，你的标新立异也只是个花架子，不能够帮助你持续下去。

值得提醒的是，这里的他（她）不是一个人，而是一群人。

模仿一个人是抄袭，模仿一群人就是创新了。

破：跟随久了，套路你就学会了，然后你可以在他（她）的写作风格上做一些适合自己的改进。

比如《你的知识需要管理》《这样读书就够了》《如何阅读一本书》这些都是对我影响深远的书籍，我照着书中的内容做了大量的练习之后，就开始做了一些改进。

比如《你的知识需要管理》里面提到的知识管理的五个步骤，我做了一个加强版，改成六个步骤，简化版改成了三个步骤。

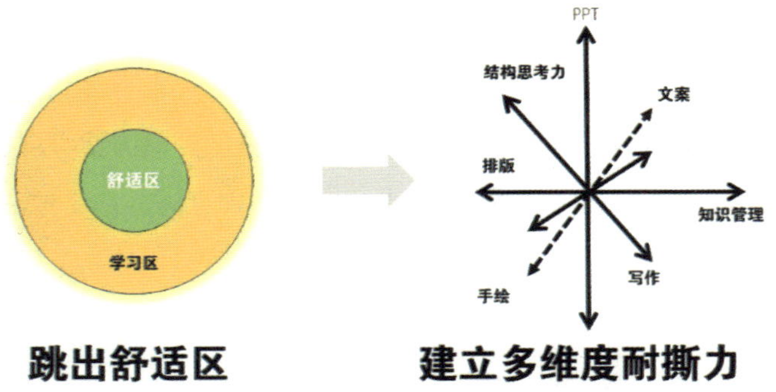

写不过别人，我就多维度打击。

所以我的差异化竞争力就是在“破”的这个环节体现出来的，我在文章中结合了PPT、手绘、文案营销，甚至连我家猫都用上了，因为它起到了“视觉锤”的效果。（详情请阅读《视觉锤》）

离：技能训练是关注步骤的，但是当你已经把一个技能讲得融会贯通，在大脑神经元连接中形成稳定的回路，你就不需要过多地关注技能了。

这时候，显性知识会隐性化。

你写文章的风格会自然体现，不用刻意呈现就有了。

3. 投靠平台

如果做一个特色烧饼摊，你是准备开一家店，还是准备推着小轮车去步行街上卖？

答案是：都要。

开一家小店，就是做公众号。

但是如果你刚起步，我建议你以平台为主，公众号同步发布就行。

因为公众号最开始的阅读量和关注度会很惨淡，我们需要到人流量大的平台上去扩大自己的影响力。

步行街式的平台里面，简书目前是客流量最大的了。

我最开始的策略就是：持续摆摊，想尽办法站到步行街的入口（首页推荐）。

怎么上首页推荐呢？

前提是，你要熟悉平台的规则。

所以简书新手入门、简书常见问题、简书投稿规则，这些你都要详细阅读。

然后就是“勾搭”主编，加入简书的各种主题的作者群。

虽然里面鱼龙混杂，但是起码都是在简书“摆摊的个体户”，而且简书的官方人员也在里面，你总能得到很多信息。

先做人，再做事。

你遵守平台规则，又和编辑们都很熟，很多事情就好办了。

所以简书当时开始推简书作者的时候，我是第一批被邀请的，因为我符合签约作者的条件，而且编辑们都认识我。

4. 积累用户

阅读量不重要，关注量才重要。

我在平台上关注一个很重要的指标，就是每周有多少新增的关注读者。

当你持续在做输出的时候，可以利用所有渠道全部引流到你的平台账号上来。

比如发布一篇文章之后，在文章末尾引导大家来做关注：

今天就写到这里，下一篇我们会讲什么，如果觉得有用，记得关注哦；接下来我会做一些赠书活动，记得关注哦；我不要打赏，你关注我，我就跪谢了。

还有一些方式，就是将文章发布到微博头条文章或者朋友圈。

我们总是会对重复或者持续的事情保持好奇心，你一个星期偶尔发一篇，大家当然不会注意。

叶茂中《营销的16个关键词》中有一个很重要的词叫“重复”，感兴趣的话可以去了解一下。

我现在在简书有7万人订阅，排名第一。

简书没有像公众号一样有用户关注增长曲线，所以我都是自己每周手工统计数据来看增长曲线的。

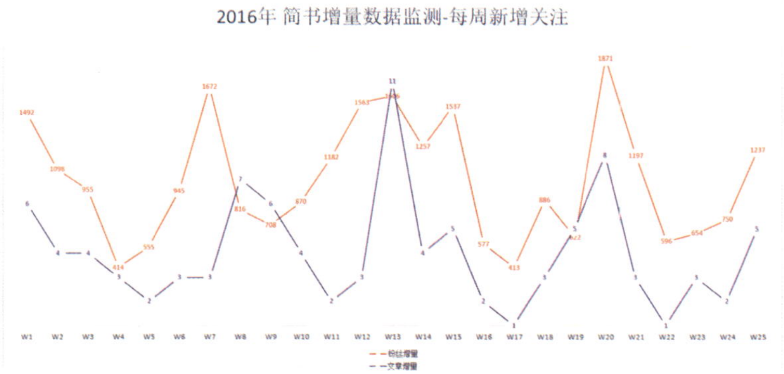

自己做的数据监测

通过增长趋势图，我当时从排行第 13 晋升到第 1，用的就是数据分析测算。

只要我每周更新 5 篇文章，持续 6 个月，简书第一名肯定是我。

5. 挖现金流渠道

一旦培养起强大的、忠实的且可以持续增长的读者群，就可以开始从主要的平台发展多样化的传播方式了。

我在简书的粉丝超过 3 万的时候，才开始运营自己的公众号，然后借助在简书积累的人气，快速地在公众号上积累自己的用户。

这个过程简书也做了很多调整，比如现在简书在手机端也可以打赏了，这真的是一个让人感动到哭的改进。

我从原来的每个月 200 元打赏，到现在每个月可以有 1000 元的打赏，我相信这条现金流渠道会越来越好。

领读 1000/**本** *3
书评 1500 /**篇** * 4
软文 1000/**篇** * 3
公众号文章 200/**篇** * 20
十 **简书打赏** 500/**月**

每个月，下班后码字能收入过万

你们在花前月下的时候，我在“卖肉”挣钱。

我的现金流渠道从简书上进行了很多多元化的尝试。

比如：

· 和公众号合作写领读、写书评。

· 和其他 App 合作讲微课。

· 和 BM、选择自己、职场充电宝等大型社群合作做系列课程。

我身边很多朋友写文章比我好，收入自然比我高。因为我的文笔不行，所以只能结合我做产品和做项目的经历，开始做微课和培训。

我在过去的一年时间里面，讲了 150 场分享；我的微课内容更新频率是一个月更新一次；坐在电脑前码字如果是烧脑，那出去做分享，全国各地飞，就是燃烧肉体了。

拼的是什么？就是拿你现在拥有的一切去换你想要的。

6. 成立团队

如果你和我一样是利用业余时间来写作、做分享，你就需要一个团队来帮助你。

我现在有一个内容官，来帮我负责文字的校对（现在我的文章错别字少了很多，对不对），内容编排和发布。

我有一个 BD（Business Development）来帮我对接商业合作，这样我就有更多的精力用在内容创作和服务沟通上了。

一个人走得快，一群人走得远。

你看，不知不觉，我把创业这个梦想也实现了，写作成了我生活的一部分。

SUMMARY | 小结

▼ 个人品牌设计师潘泠竹老师当时推荐我看小李子的《荒野猎人》。她说她看了 3 遍，然后告诉我：“小六你看，我们做个人品牌是不是像极了小李子？”

▼ 我们不知道前面的旅程会有怎么样的凶险，我们只能向前。因为我们回不去，没有退路。后面我会怎么走，会遇到什么，我不知道。但是我会做好准备，应对可能发生的事情。

图书在版编目（CIP）数据

颠覆平庸：如何成为领先的少数人 / 彭小六著. — 北京：北京联合出版公司，2018.7

ISBN 978-7-5596-2121-4

Ⅰ. ①颠… Ⅱ. ①彭… Ⅲ. ①成功心理—通俗读物
Ⅳ. ① B848.4-49

中国版本图书馆 CIP 数据核字（2018）第 094627 号

颠覆平庸：如何成为领先的少数人

作　　者：彭小六

责任编辑：史　媛

内文设计：谢　彬

北京联合出版公司出版

（北京市西城区德外大街 83 号楼 9 层　　100088）

北京市雅迪彩色印刷有限公司　　新华书店经销

字数：201 千字　　880 毫米 ×1230 毫米　1/32　　印张：9.75

2018 年 7 月第 1 版　　2018 年 7 月第 1 次印刷

ISBN：978-7-5596-2121-4

定价：45.00 元